服装实用技术 . 基础入门

实用服装裁剪与缝制轻松入门
——上装篇

侯东昱　著

中国纺织出版社有限公司

内 容 提 要

本书为实用女上装裁剪与缝制的基础入门书籍，内容包括：女上装概述，服装裁剪与缝制基础知识，女上装裁剪制图部位，常用面料与辅料，结构制图，样板制作与缝制实例。书中实例采用近年来流行的服装款式，以女性人体的生理特征、服装的款式设计为基础，系统阐述了衬衫、连衣裙、卫衣、马甲、夹克、大衣、西服套装的结构设计原理、变化规律和设计技巧，图文并茂，通俗易懂，具有较强的实用性；制图采用CorelDRAW软件，绘图清晰，标注准确。

本书既可供服装制作爱好者学习使用，也可为服装企业女装制板人员提供参考，还可以作为中高等院校服装专业学生的参考书籍。

图书在版编目（CIP）数据

实用服装裁剪与缝制轻松入门.上装篇 / 侯东昱著
. -- 北京：中国纺织出版社有限公司，2022.12
（服装实用技术.基础入门）
ISBN 978-7-5180-9899-6

Ⅰ.①实… Ⅱ.①侯… Ⅲ.①服装量裁②服装缝制
Ⅳ.①TS941.63

中国版本图书馆 CIP 数据核字（2022）第 182424 号

责任编辑：宗　静　亢莹莹　责任校对：高　涵　责任印制：王艳丽

中国纺织出版社有限公司出版发行
地址：北京市朝阳区百子湾东里 A407 号楼　邮政编码：100124
销售电话：010—67004422　传真：010—87155801
http://www.c-textilep.com
中国纺织出版社天猫旗舰店
官方微博 http://weibo.com/2119887771
北京通天印刷有限责任公司　各地新华书店经销
2022 年 12 月第 1 版第 1 次印刷
开本：787×1092　1/16　印张：12
字数：193 千字　定价：59.80 元

凡购本书，如有缺页、倒页、脱页，由本社图书营销中心调换

前言

　　女子所做的针线、纺织、刺绣、缝纫等工作和这些工作的成品，称为女红。其已成为中国传统文化的一部分，女红有着独特的魅力，它伴随着人类文明已有几千年的历史，与人们的日常生活密不可分，与各地的民族习俗紧密相连，与深厚的社会文化一脉相承。

　　随着服装的工业化生产，女红这项老手艺似乎已远离了人们的生活，我们喜欢的服装可以在商场、网上随时购买，自己做服装已经成了偶尔的生活乐趣。但近些年很多人开始喜欢自己缝制简单的服装，一些简单的服装制作又回到我们身边，它不仅唤起了人们对中国女红久违的回忆，也让这一传统技艺在新时代焕发生机。

　　服装裁剪是根据个人喜欢的服装样式，选用适合的面辅料，根据人体尺寸，把立体的、艺术性的设计构想，逐步变成服装平面或立体结构图形，最终制作成舒适、美观的服装。服装裁剪既要实现款式设计的构思，又要弥补款式设计过程中存在的不足；既要符合前期构思的款式，又要在此基础上进行一定程度的再创造，它是集技术性与艺术性为一体的设计。

　　服装裁剪要与时俱进，在设计时要考虑款式设计和工艺设计两方面的要求，并准确体现款式的构思，在结构上合理可行，在工艺上操作简便。

　　本书共有六章，第一章女上装概述，主要介绍近代女上装的发展演变和近年女上装的流行趋势以及女上装的分类，分别介绍衬衫、连衣裙、套装、夹克等服装种类；第二章介绍服装裁剪与缝制基础知识；第三章介绍女上装裁剪制图部位，以西服和连衣裙为例教大家怎样看懂裁剪制图部位；第四章介绍女上装常用面料与辅料，以便大家学会如何挑选衬衫、西服、大衣的面料和辅料；第五章、第六章分别介绍了女上装流行款式结构制图和制作与缝制实例，既有经典款式又有市场上较为流行的时尚新款。在书中编写者结合自己多年的工作经验，并采用CorelDRAW软件按比例进行绘图，以图文并茂的形式详细分析了典型款式的结构设计原理和方法，使读者能够真正地学到并且弄清楚女上装的裁剪方法。

　　本书由侯东昱教授负责整体的组织、编写和校对；感谢河北科技大学研究生左金欢、杜佳欣、强怡茜、宋紫薇、龚倩林、王祎、赵慧婷等为本书出版所做的大量工作。

在本书的编写过程中参阅了部分国内外的文献资料，在此向文献编著者表示由衷的谢意！

另外，书中存在的疏漏和不足之处，恳请专家和读者指正。

侯东昱

2021 年 7 月于石家庄

目录

第一章　女上装概述

第一节　认知女上装

一、近代女上装的发展演变

随着社会的发展，世界各地文化的相互交融，在近代中国传统女上装中造型、裁剪、制作工艺、面料和纹样开始从中国传统服饰特征逐渐向西方服饰特征靠拢，并且逐步展现出兼容并蓄、中西结合的特点。

中国近代女上装的发展大体是由一个宽大的T廓型逐渐变为更加合体的S廓型，开始注重凸显女性身材曲线美的过程，晚清西风东渐，女性服饰也受到影响，服装从中国传统的平面化设计向西方立体化设计变化，逐渐性感起来。服装的制作工艺也逐步由手工缝制工艺向工业化机器缝制工艺转变；色彩上，由于封建制度的结束，服装的色彩变得更加多元化；面料上，除了传统的丝织物，还加入了化纤和混纺织物等；纹样除了运用中国传统的吉祥纹样外，将传统纹样进行现代化设计并加入具有西方特点的图案进行设计。

1. 鸦片战争时期至辛亥革命时期

清代旗装的裁剪采用直线造型，胸、腰、臀完全平直，使女性身体的曲线毫不外露，是一种宽宽大大的款式，一般都是长度到足踝的长袍。旗装大多采用平直的线条，衣身宽松，胸腰围度与裙摆的尺寸比例较为接近，在袖口、领口等处有大量盘绳边装饰，如图1-1所示。

2. "民国"建立至中华人民共和国成立时期

"民国"初年，出现了废除传统服饰的服饰改革，女子服饰变得日益丰富多彩，出现了普及旗袍的趋向。这一阶段女装的特征是中式和西式、传统和现代服饰并存，旗袍受到西洋文化的影响，由遮盖身体转变为凸显身体线条，出现了省道、拉链等。款式为立领、右衽、紧腰身、衣长至膝下、两侧开衩、袖口收小，如图1-2所示。

图1-1　清代旗装

3. 中华人民共和国成立至改革开放时期

1949年中华人民共和国成立，干部装取代了旗袍。西装和旗袍在人们的生活中逐渐消失了将近20年，中山装和列宁装成为这一段时期人们的普遍选择，女装变得千篇一律。代表女装有布拉吉连衣裙、列宁装、背带式工装裤、两用衫等，如图1-3所示。

图1-2　民国旗袍　　　　　　　　　图1-3　列宁装

4. 改革开放至21世纪

改革开放不仅提高了人们的生活水平，而且改变了人们的穿衣观念。这一时期，面料多、款式多。"的确良"面料流行起来。改革开放以来，大喇叭裤、蝙蝠衫、健美裤和连衣裙等成为流行。服装款式虽然在设计、工艺上只是简单地模仿制作，但毕竟给长期形成的"灰、蓝、黑"服装现状带来冲击，受西方影响出现了彩色毛衣、西装、文化衫等。中国服饰趋向丰富多彩、时尚个性，如图1-4所示。

5. 21世纪时期

到了21世纪，人们对于服装更加注重个性的追求，人们往往根据自身的喜好来选择服装，服装也体现出了穿着者的审美与品位，服装的款式、面料、色彩及配饰也是多种多样，如图1-5所示。

图1-4　蝙蝠衫　　　　　　　　　图1-5　现代服饰

二、近年女上装的流行趋势

近几年人们的衣着选择正在发生改变，服装发展基本两个走向，一是注重品质和舒适性，更加关注服装的产品质量、功能性，同时注重工艺细节对服装款式的更新。二是注重款式变化，满足人们对新意和独特性的追求，现代服装的流行更加多元化，无论是大众消费者的成衣，还是奢华的高级时装，都出现极大的需求。服装在款式、色彩、材料、工艺、品牌等方面越发多元化，快节奏、高效率的生活方式改变了人们的生活方式，流行变得转瞬即逝，而信息传播业的发达，款式的更新速度改变了人们的想象力。

1. 近年女上装面料的流行趋势

面料作为服装三要素之一，不仅可以诠释服装的风格和特性，而且直接表现着服装色彩、造型的效果。现今的服装面料五花八门，品类繁多，有舒适、清爽、晶莹、亮丽、蓬松、厚实等诸多方面的特点，近年来女上装流行的面料很多，更新换代也很快，见表1-1。

表 1-1　近年来女上装面料的流行趋势

面料	面料特性	常见面料	成衣实例
棉麻混纺面料	无论是秀场还是日常的穿搭，棉麻混纺都是常见又实用耐穿的一种面料，不仅亲肤舒适而且环保。在衬衫、下装、连衣裙上运用较多		
PVC 透明塑胶材质	PVC 透明塑胶材质做外搭能凸显服装内部的搭配和面料的质感；异色 PVC 包边使服装在具有层次感的同时更富有变化，使原本简单的服装结构变得更加丰富有趣		
绸缎面料	绸缎面料可以营造出女装垂坠的效果，可以用在睡衣、衬衫、连衣裙、晚礼服上，顺滑柔和的光泽增添了服饰的流动感，也散发出一种迷人的性感		

2. 近年女上装廓型的流行趋势

服装廓型是服装款式造型的第一要素，指的是服装整体外轮廓的形状。当下时装越来越趋向多元化，廓型也影响着时尚领域的诸多方面，女性为了展现她们的独到审美，可以通过服装轮廓来展示不同的体形特征。服装廓型分别用A、H、Y、X、S、O、T、V等英文大写字母来表述。在当下时装界，廓型对于设计师来讲，具有迅速确定时装造型的作用，近年来女上装流行的廓型很多，见表1-2。

表 1-2　近年来女上装廓型的流行趋势

廓型	廓型特性	成衣实例
A 廓型	量感的 A 廓型裙可以兼容大多数不同的身材，能很好地隐藏身材的缺点，设计简约也更显年轻	
X 廓型	X 廓型是最为经典的服装廓型，非常女性化，能将腰臀部非常好的勾勒出来，恰到好处的 X 型服装任何人任何时候都能穿着	
T 廓型	近几年流行的大廓型西装就属于 T 型。T 型最明显的特征是肩部线条明显，视觉中心集中在上半身，很容易塑造出比较强大的气场	

3. 近年女上装配饰的流行趋势

服装配饰是除服装成衣外能够更好地烘托出成衣效果，其材质多样，种类很多，常用的有头饰、肩饰、胸饰、腰饰、手饰、脚饰，以及眼镜、围巾、帽子、手套等。尽管与服装相比，配饰属于从属地位，但同时又具有鲜明的时代特性和引导时尚的前瞻性。服装配饰围绕服装的特点来搭配，从样式、颜色、工艺上要与着装者形成完美统一。近年来服装配饰的种类越来越丰富，越来越美观，流行的女上装配饰见表1-3。

表 1-3　近年来女上装配饰的流行趋势

配饰	配饰特性	成衣实例
流苏	流苏是一种有趣的配饰，可以为任何造型增添一丝波希米亚风格，尤其是当它以耳环的形式装饰于头部两侧时。近年来可以看到珠宝流苏以各种不同的风格出现在 T 台上，展现出它的多样性	
鞋靴	与其他时尚潮流一样，鞋靴流行也倾向于实用性，出现了许多防护性的、重型的靴子，如马丁式粗短战靴、切尔西靴、紧身长筒靴、马术过膝长靴、皱筒靴等；女式鞋受到男装的启发，款式多变，如布洛克鞋、牛津鞋、乐福鞋与和尚鞋等都有各自独特的魅力	
胸针	胸针是优雅女士首饰盒中必备的时尚单品。近几年时装周中展示的胸针配饰，也预示着我们将迎来一波属于胸针的时尚返潮。无论是气质百搭还是夸张独特的胸针，都能在服装中起到点睛之用	
箱型包	箱型包和圆型包很像，是近年手提包的一种趋势。箱型包常常带有一点复古的魅力，虽然在日常使用中稍显笨重，但时尚人士真的很喜欢把它作为高级时尚的派对包	

续表

配饰	配饰特性	成衣实例
眼镜	一些品牌陆续推出超大号太阳镜款式，类似遮阳板的夏季太阳镜，可以对面部提供全面的保护。眼镜不仅是配饰，也是个人品位的体现，在保护眼睛的同时，还能提升人的整体外观气质	

第二节　女上装的分类

一、衬衫的分类

衬衫款式一般分为两种类型，一种是职业衬衫，板型比较合体；另一种为休闲家居类衬衫，板型比较宽松。具体款式类型见表1-4。

表1-4　常见衬衫款式

衬衫名称	款式说明	款式与人体关系	常见实例
职业衬衫	女性职业衬衫一般是在比较正式的场合或者上班时穿着，款式上比较合体		
休闲家居类衬衫	休闲家居类衬衫相较职业衬衫，穿着场合随意，面料比较舒适，款式上比较宽松		

二、连衣裙的分类

连衣裙一直深受女性的青睐，由于其造型变幻莫测，根据款式的不同可分为接腰式和连腰式两种类型。具体款式见表1-5。

表1-5 常见连衣裙款式

连衣裙名称	款式说明	款式与人体关系	常见实例
接腰式连衣裙	接腰式连衣裙在结构上分为上下两部分，在腰部连接起来，这种款式的连衣裙在造型上变化比较多样		
连腰式连衣裙	连腰式连衣裙是上下连裁，整体比较简洁大方		

三、套装的分类

套装是女性在出席正式场合的活动中穿着的服装，尤其是白天的涉外活动，款式见表1-6。

表1-6 常见套装款式

套装名称	款式说明	款式与人体关系	常见实例
西服	西服是女装常用的外套的一种，可与裙子或裤子搭配成套装，领子有翻领和驳头，常采用省道和分割线结构设计		

续表

套装名称	款式说明	款式与人体关系	常见实例
外套	外套是穿在最外面的服装。一般用作防晒、保暖、挡风、挡雨		
马甲	马甲也称作背心,是无袖上衣,在礼服中与西服、裤子构成三件套形式。马甲还有各种造型棉、羽绒、毛线等,在秋冬季保温并便于双手活动		

四、夹克的分类

夹克一般在衣服袖口和下摆有收拢设计,是衣长在臀围线上下的上装。女孩穿上夹克后显得更灵活,更富有朝气,款式见表1-7。

表 1-7 　常见夹克款式

夹克名称	款式说明	款式与人体关系	常见实例
机车夹克	机车夹克是非常经典的款式,酷劲十足,不需要花太多心思就能穿出不错的效果		

续表

夹克名称	款式说明	款式与人体关系	常见实例
牛仔夹克	牛仔夹克也是非常经典的款式，使人看起来干练十足，与其他服饰之间也很好搭配		

第二章　服装裁剪与缝制基础知识

第一节　人体测量和尺寸规格

一、女上装的人体测量

人体测量是购买服装和制作服装的前期工作。在测量时，需要准备一卷皮尺，准备纸笔记录数据。女上装需要测量的身体各部位及测量方法见表2-1、表2-2。

表 2-1　女上装围度量体部位及测量方法

部位名称	测量方法	图示	数据使用方法
颈根围	用皮尺分别经过前颈点（前领窝中点）、后颈点（后颈凸起处）和侧颈点（前后衣片肩线顶点），围成一周进行测量		此数据是成衣设计中领子尺寸的主要参考依据
胸围	在自然呼吸的状态下，以胸高点为测点，用皮尺经胸前、腋下水平过胸高点围量一周。由于胸部及后背肩胛骨的影响，测量时需控制好皮尺的放松量，以皮尺可以轻松转动为宜		此数据是成衣设计中影响女上衣是否合体的重要因素

续表

部位名称	测量方法	图示	数据使用方法
腰围	在腰部最细处水平围量一周，一般是在肚脐上方约3cm处或手肘水平位置。注意，测量时被测者要保持正常且均匀的呼吸，测量者需放两根手指在皮尺内以确保皮尺可以来回转动	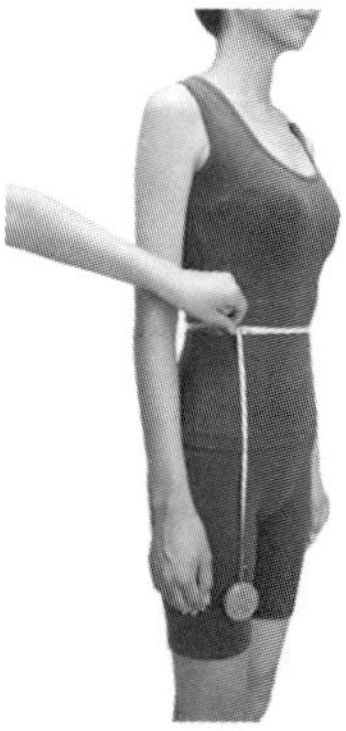	此数据是成衣设计中影响女上衣是否合体的重要因素。针对体型偏胖或有明显肚腩者，应水平测量腰部最丰满处一周；体型偏瘦者，则水平测量腰部最细处一周即可
臀围	在臀部最丰满处水平围量一周，同样需要测量者在皮尺内能放入两根手指	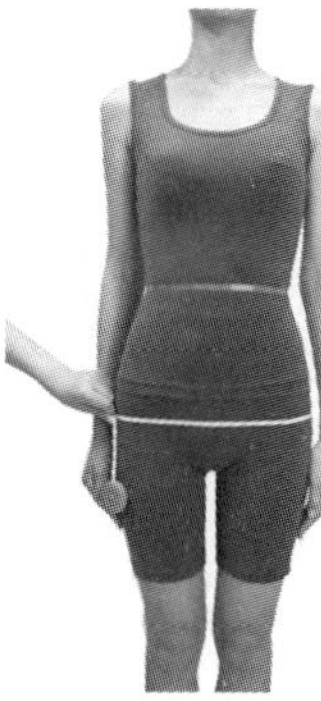	此数据是影响成衣设计中女上衣下摆尺寸的重要依据，也是制作合体型套装上衣、连衣裙等不可缺少的参考依据
掌围	先将拇指与手掌并拢，用皮尺绕掌部最丰满处水平测量一周	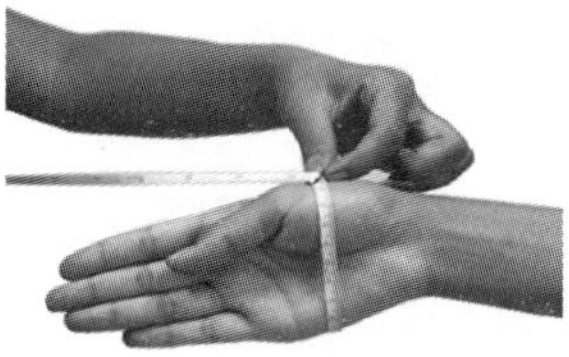	此数据是成衣设计中袋口宽度尺寸的依据

表 2-2　女上装长度量体部位及测量方法

部位名称	测量方法	图示	数据使用方法
身高	测量时，被测者赤足立正站直，双手自然下垂，头顶点至地面的距离即为身高	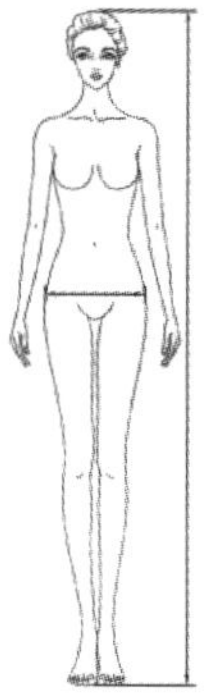	此数据是设定服装号型规格的依据。身高若测量不准确，将直接导致衣长和袖长的过长或过短

续表

部位名称	测量方法	图示	数据使用方法
衣长	上衣的衣长通常指服装的后中心长，由后颈点垂直向下测量至所需长度为止	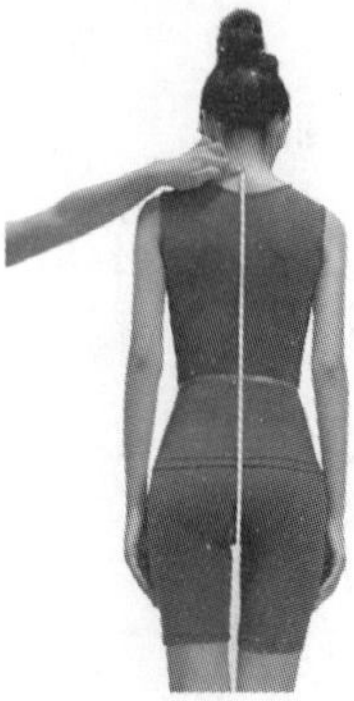	此数据是成衣设计中女上衣长度的尺寸依据
背长	从后颈点向下量至后腰中心点的长度。注意，沿后中线从后颈点至腰线间随背形测量	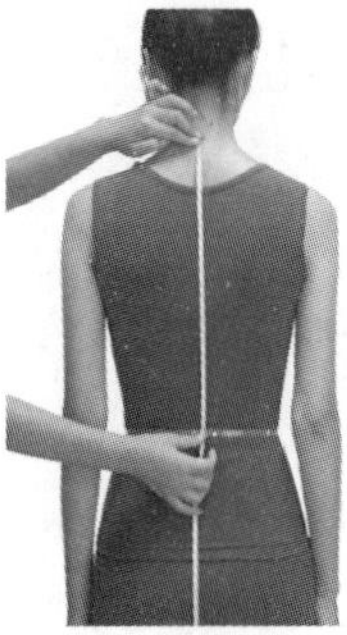	此数据在成衣设计中决定腰节线的位置
袖长	从肩骨外端点向下量至腕关节的长度，这是基本袖长	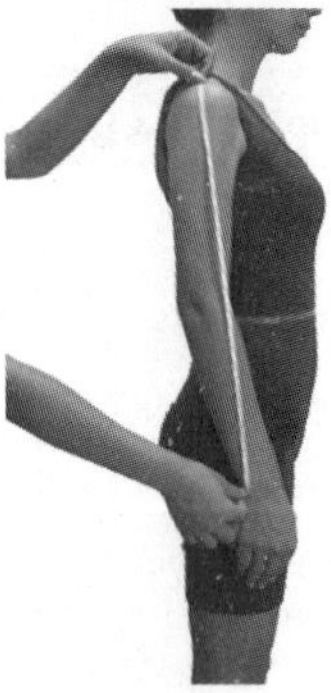	此数据用于长袖女上衣的制作
全肩宽	用皮尺从左肩端点经后颈点量至右肩端点的宽度	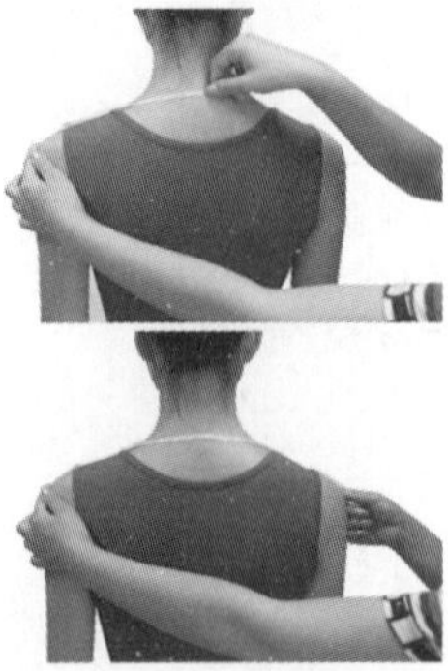	此数据是缩袖子的基准点——袖山顶点的位置，也是决定肩宽和袖长的基点。全肩宽尺寸是制作上衣时的一个非常重要的参考依据

续表

部位名称	测量方法	图示	数据使用方法
水平肩宽	用皮尺自左肩端点水平量至右肩端点的宽度		此数据是成衣设计中肩宽尺寸的主要参考依据

二、服装规格及参考尺寸

除了通过量体获得的人体数据以外，世界各个国家和地区还有自己常用的尺码标准和号型规格。这些尺码号型对服装品牌和选购上有着很重要的指导作用，是适用于大部分人体的尺寸数据。但是常规号型规格（尺码）可能不适用于一些特殊体型，如"老年体""将军肚"等特殊形体人群的尺码，还需依靠手工测量。

1. 服装尺码解读

（1）确定性表示：指由身高、胸围、腰围和字母来表示。上装常见尺码表示为"165/88A"，165表示身高，88表示胸围，单位为cm；体型分四类，指人体的胸围和腰围的差，分别用字母Y、A、B、C表述，A表示标准体型，见表2-3。这种表示方法常在西服、大衣、衬衫、连衣裙、T恤等女上装中使用。

表2-3 体型分类及适用范围　　　　　　　　　　　　单位：cm

体型分类代号	Y	A	B	C
胸腰差	19~24	14~18	9~13	4~8
图示				

从Y体型到C体型胸腰差依次减小：Y为较瘦体型，A为标准体型，B为较标准体型，C为较丰满体型。

（2）模糊性表示：指用XS、S、M、L、XL、XXL、XXXL表示，是一种相对模糊的表示方法，通常用于休闲、宽松的服装。

2. 人体参考尺寸

获取人体尺寸有两种方法，一种是直接测量人体，得到的数据更精确，更适合个体；另一种是查询中国女性的大数据的参考尺寸，见表2-4。

表2-4 中国女性参考尺寸　　　　　　　　　　　　单位：cm

号型		150/76	155/80	160/84	165/88	170/92
围度	颈围	32	33	34	35	36
	胸围	76	80	84	88	92
	腰围	60	64	68	72	76
	臀围	82	86	90	94	98
	掌围	19	19	20	20	21
长度	身高	150	155	160	165	170
	坐姿颈椎点高	58	60	62	64	66
	水平肩宽	36	37	38	38	39
	背长	36	37	38	38	39
	全臂长	51	52	52	53	53

第二节　制图工具及符号

了解人体测量及规格尺寸后，就可以开始绘制服装裁剪图（即结构图）了。在此之前，还需要准备一些制图工具。

一、制图工具

工作台：由于我们绘制的为1∶1人体原尺寸的结构图，所以一张平整的大桌子是必备的。当然，一张现成的工作台、大圆桌、写字台，甚至是餐桌、茶几都是可以的，如图2-1所示。

纸：其次，还要准备一张大纸，长度至少要能满足衣长，宽度至少要有臀围的1/2，再留出一些画图需要标记的量。在纸张的选择上，有条件的可以采用牛皮纸，比较有韧性，如图2-2所示。一般家庭的小制作采用报纸也是可以的，若纸张不够大，两张拼接也可以，只要保证接缝不影响制图即可。

图2-1　工作台

图2-2　牛皮纸

笔和橡皮：笔是必备的，HB铅笔是最佳选择，因为绘图难免有出错的地方，这时候铅笔与橡皮是最佳选择，如图2-3所示。除此以外，自动铅笔、圆珠笔、碳素笔等都可以作为制图用笔，修改以后能够确定哪条线是最终完成线即可。

图2-3　铅笔、橡皮

尺子：一把60cm的直尺同样是必备工具之一，没有直尺是无法完成绘图的。另外，15~20cm的直尺、三角板、曲线板等也可以进行自主选择，但这些都不是必备工具，只作为辅助绘图的工具，可以根据需要进行选择，如图2-4所示。

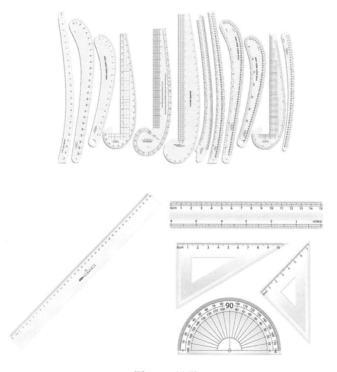

图2-4　尺子

剪刀：绘制完纸样后即可进行纸样裁剪。选择较锋利适用的剪刀，要能够保证将纸样完好无损、准确无误地剪下来，如图2-5所示。

精确的图纸绘制是服装达到理想状态的第一步，第二步是纸样的裁剪，第三步是缝合。每一步的精准程度决定着下一步的精确度，只有每一步都一丝不苟地认真完成，最后的服装成品才可以达到理想要求。

图2-5 剪刀

二、制图符号

在服装纸样绘制中，有一些国际通用代号与标识，虽然个人制作的纸样不需要与国外进行沟通，但是在学习与制作过程中了解这些符号是十分必要的。不需要强行记忆，对符号有一个大致的了解，在绘制纸样的过程中能够理解其含义即可。下面尽可能详细地罗列常用的代码与符号，以便大家学习与查询。

1. 制图主要部位代号

在制图过程中要养成良好的制图习惯，在每一条线段上都标明其对应的名称及数据，这样在修改与存档时，可以明确得知每条线段叫什么，对应的是身体的哪个部位，数据是多少。名称在标注的时候，为了方便快捷，通常采用简写的方式。表2-5中罗列了身体各部位尺寸的简写，一般是由英文的首字母组成。

表2-5 上装制图主要部位代号

类型	序号	部位名称	代号	英文名称	类型	序号	部位名称	代号	英文名称
点	1	胸高点	BP	Bust Point	线	1	胸围线	BL	Bust Line
	2	侧颈点	SNP	Side Neck Point		2	腰围线	WL	Waist Line
围	1	领围	N	Neck		3	臀围线	HL	Hip Line
	2	胸围	B	Bust		4	领围线	NL	Neck Line
	3	腰围	W	Waist	长、宽、高	1	肩宽	S	Shoulder
	4	臀围	H	Hip		2	袖长	SL	Sleeve Length
	5	掌围	P	Palm		3	衣长	DL	Dress Length
						4	袖山高	SCH	Sleeve Crown Height

2. 纸样绘制符号

除了在图纸上标明部位代码以供查验外，还有一些符号是用来体现纸样在布料上的表现，使制作出来的服装达到设计要求，见表2-6。

表 2-6　纸样绘制符号

符号名称	图示	使用说明
布丝方向		也称经向符号，是为保证铺布时，纸样的方向与布料经纱方向（垂直于幅宽的纱向）保持一致。如果双箭头符号与布丝出现明显偏差，会严重影响服装效果与质量
顺毛向符号		也称顺向号，当布料为毛绒面料或有花型方向的印花面料时，箭头指向要与布料的毛向和花型的方向保持一致，如皮毛、灯芯绒、印花面料等
基础线		也称辅助线，是辅助确定完成线的线迹。这些线是各部位制图的辅助线，如用细实线表现，口袋、省位线等，用细虚线表示缝纫明线等，在制图中起引导作用
轮廓线		也称制成线、完成线，是纸样中最粗的线，包括虚线与实线。粗实线是指导裁剪纸样的线，依照此线迹剪下来的纸样为净样板，加上缝份的样板为毛样板；粗虚线是对折布料的线，裁布时把布料对折，不裁开
贴边线		贴边起牢固作用，主要用在面布的内侧（即背面轮廓影示线），如衣服的前门襟一般都有贴边
折转线		在制图中表述需要折转的线，如连裁的门襟止口线、连裁的腰、连裁的底边等
等分线		表示两线段长度相等且平分。长距离用虚线表示，短距离可用实线表示
直角符号		指服装制板时，表示需要保持两条线垂直相交的部位
相等符号		也称等量号，表示线段长度相等，可用于不相邻的两线段

续表

符号名称	图示	使用说明
重叠符号		也称双轨线，表示所交叉的部分为部件重叠且长度相等的部分。在分离复制样板时要各归其位，即左右结构共用的部分在裁剪时需要修整纸样到完好状态再裁剪布料
整形符号		也称拼合号，表示相关布料拼合一致。或者当纸样必须进行分离裁剪时，而在实际布料上要拼合的部位，表示在实际纸样上此处是完整的形状
省略符号		在服装制作时有的部件长度较长，如腰带，在结构制图的时候可不全部画出，用省略长度的标记来表示
缩褶符号		女装中常用的一种设计，如灯笼袖、泡泡袖的缩褶部位，通过缩缝完成
省		指为适合人体和造型的需要，将一部分衣料缝去，从而制作出衣片的曲面状态或消除衣片浮余量的不平整部分。省由省道和省尖两部分组成，并按功能和形态进行分类。省的作用是一种进行合体处理的方法。省的形式多种多样，最常见的是菱形省、钉子省两种
褶裥符号		褶裥和省一样，兼具实用性与装饰性。指为符合体型和造型的需要，将部分衣料折叠、熨烫、缝而形成的褶皱，由裥面和裥底组成。按折叠的方式不同分为：左右相对折叠，裥底在下，两边呈活口状态的称为阴裥；左右相对折叠，裥底在上，中间呈活口状态的称为明裥；向同一方向折叠的称为顺裥
剪切符号		剪切符号箭头所指向的部位是需要剪切的部位。剪切只是纸样设计修正的过程，而不是结果，需要将纸样进行剪切、黏合、调整后再进行铺布裁剪

续表

符号名称	图示	使用说明
扣眼位	⊢ ⊣　Ⅰ	表示服装扣眼位置的标记，通常都是横眼，如西服、大衣等，有的也用竖眼，如衬衫
纽扣位	⊕　＋	表示服装钉纽扣位置的标记，交叉线的交点是钉扣位置，交叉线带有圆圈表示装饰纽扣
对位符号（剪口符号）		也称剪口符号。首先对位可以保证各衣片之间的有效复合，提高质量，如前片与后片、袖山与袖窿、大袖与小袖、领与领口等，对位符号越充分，品质系数越高。其次是对应性，对位符号多数是成对的，有的是3个点对位，否则对位的意义就不存在了

第三节　裁剪缝制工具

除了之前提到的一些量体、制图小工具以外，还需要用到一些裁剪、缝纫工具，下面带大家一一认识。

一、铺布与裁剪工具

1. 铺布工具

剪下纸样之后，要做的就是铺布。铺布，顾名思义，就是把要用的布料铺在工作台上，在保证与面料的布丝方向一致的前提下，尽可能节约布料地将纸样放置于面料上。

（1）大头针：为了保证纸样在面料上不会被移动，要在纸样的四角使用大头针（图2-6）把纸样与面料固定在一起，这就需要下面的工作台是可以被扎透的质地，即可在工作台上铺一块质地密实的海绵、泡沫板等，同时又不能太软。

（2）划粉：在固定好纸样的面料上需用划粉（图2-7）画出纸样的轮廓，在工厂成批制作成衣时，这一步骤也称为"画皮"。

图2-6　大头针

图2-7　划粉

要注意的是，在勾勒轮廓的时候要在净样板的基础上加出适量的缝份，一般缝份的宽度为0.7~1cm，在下摆、门襟等处要根据服装的不同确定缝份的宽度。

2.裁剪工具

画好纸样轮廓后，就可以裁布了。裁布的时候要格外细心，尽量把布的边缘裁剪得整齐、平滑，以便于后期的缝纫。下面介绍几款常用的裁剪工具。

（1）裁布专用剪刀：一般是缝纫专用的剪刀（图2-8），平时要注意保养，如膏油（加油）、打磨，且只用于剪布等，才会越用越好用。习惯用左手的人在选购时可以选择左手剪刀。

（2）纱剪：多用于缝纫过程中一些细小部位的剪切，如剪线头、拆开缝合错误的线迹、剪扣眼等（图2-9）。

（3）花齿剪：指可以把布剪切成锯齿状的剪刀（图2-10），一般用于不会脱线的面料，如太空棉等，因为不用包缝，可以留下精美的下摆或者服装边缘。

图2-8　裁布专用剪刀

图2-9　纱剪

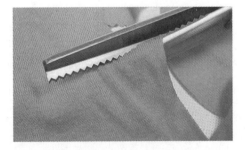
图2-10　花齿剪

二、缝纫工具

1. 缝纫设备

（1）缝纫机：一般在选购缝纫机时，选购最多的就是家用小型电动缝纫机（图2-11），可以在实体店选购，也可以在网上选购。但有几个因素需要重点考虑：一是金属机身更耐用；二是具有丰富的线迹功能，能够完成简单的包缝、锁扣眼等；三是要留意质量及保修。

购买缝纫机以后，要先熟悉其使用方法，看清楚说明书与使用视频，平时注意保养，经常清洁、添加润滑油等更能延长缝纫机的使用寿命。

（2）机针：有大小粗细之分，在使用的时候要看清（图2-12）。一般比较粗的机针适用于比较厚重的面料，如毛呢、牛仔布等；细的机针适用于夏天比较轻薄的面料，如雪纺、薄纱等；中号的机针适用范围最为广泛，中等厚度的面料均可使用。在安装与更换机针的时候要注意安装的方向，安装错误会导致机针断裂；用久的机针要及时更换，避免磨平的针尖损伤面料。

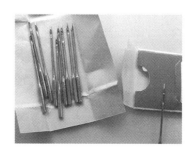

图2-11　家用电动缝纫机　　　　　　　　图2-12　机针

（3）压脚：在缝制过程中，使用不同的压脚可以更好地缝纫服装各个部位。常见的有平压脚、单边压脚、隐形拉链压脚、卷边压脚等，在使用时要参照说明书更换及使用（图2-13）。

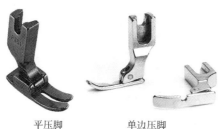

平压脚　　　　　单边压脚　　　　　隐形拉链压脚　　　　卷边压脚

图2-13　缝纫机压脚

2. 手缝工具

缝纫机虽然可以帮助我们实现双针、包缝、锁扣眼等操作步骤，但多功能缝纫机还不能完全满足缝纫的需要，这就需要采用手工缝纫来协助，如下摆边的八字缝等。手缝针不同于机针，但与机针相同的是都分大小号，有粗针和细针、长针和短针之分，同样根据面料的不同进行不同的选择（图2-14）。在缝制厚面料的时候，顶针可以帮助我们更好地穿透面料（图2-15）。另外，当出现缝制错误时，可以使用拆线器，能够更快速拆除需要拆掉的线迹，而且拆线器在车缝中也可以使用（图2-16）。

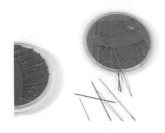  

图2-14　手缝针　　　　　　图2-15　顶针　　　　　　图2-16　拆线器

　　以上是我们平时制作衣服时经常会用到的工具，还有一些如锥子、镊子、穿线器、穿橡筋器等小工具也是非常有用的。

第三章　女上装裁剪制图部位

第二章中已讲述了基本的制图符号，但当看到完整的服装纸样时，往往还是难以将实物与纸样对应起来，从而出现一些问题。为了方便大家学习与制作，本章将纸样中各个部位的名称与西服、连衣裙实物一一对应起来讲解。

第一节　西服裁剪制图部位

一、西服制图各部位名称

图3-1所示为基本款女西服，也是职业女西服。

图3-1　基本款女西服

基本款女西服是最简单的西服样式。如图3-2所示，分别为女西服的衣身、领子和袖子部分。西服纸样的前片分为四片，前止口线将服装分为右门襟和左里襟两个部分，西服的贴边需要与前片的侧颈点、串口线、前止口线和底边线对应缝合。后片也分为四片，后中心线将衣身分为两个相同的部分，这两个部分都在后分割线处进行缝合，后中心线处缝合后便形成完整的西服后片，再将前片的前侧缝线与后侧缝线对齐缝合。袖子部分分为大袖和小袖，大袖内弧线与小袖外弧线缝合，大袖外弧线与小袖内弧线缝合，形成完整的袖子；在大袖纸样的肩点、后袖窿对位点和前袖窿对位点打剪口，与衣身的肩点、后袖窿和前袖窿相对应缝合。领子部分分为翻领和底领，将翻领与底领按照图中的对应位置缝合，再将底领的中线位置与后片的后颈点位置相对应缝合。具体位置说明如图3-2、图3-3所示。

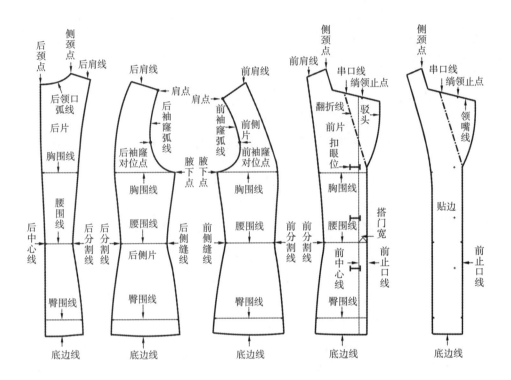

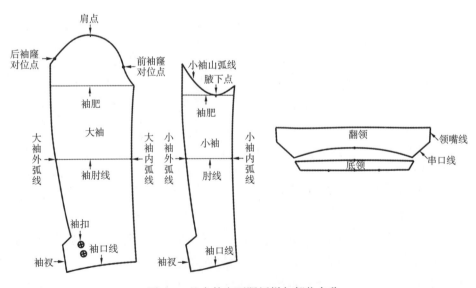

图3-2　基本款女西服纸样与部位名称

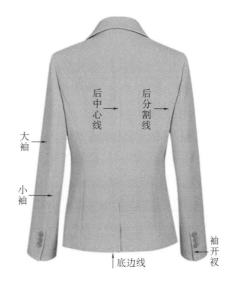

图3-3　女西服实物与纸样名称的对应关系

二、西服制图各部位与人体的对应关系

参照图3-2所示，西服纸样由上至下、由左至右的部位名称如下。

1. 衣身

（1）肩线：前、后衣片肩部的拼接线。

（2）后领口弧线：后领口的弧长。

（3）胸围线：两侧腋下点之间的距离，在绘制纸样时与后中心线垂直。

（4）后中心线：后片的中心线。

（5）臀围线：一般腰围线向下取腰长18～20cm为臀围线，平行于腰围线。

（6）底边线：前、后衣片的下边缘线。

（7）肩点：袖窿弧线与肩斜线的交点。

（8）侧缝线：前侧缝线与后侧缝线缝合的线。在绘制图纸时，原本是腋下点到底边的垂直线，但考虑到女西服的修身性，会在腰围线处向里收量。

（9）分割线：服装结构设计中最常见的方法之一，通过分析人体体型结构特征，分割线可以使西服更加合体；同时款式设计分割线，也具有装饰功能，所以分割线在西服中非常重要。

（10）前中心线：前片的中心线。

（11）止口线：指服装门襟、里襟的外边缘线。

（12）搭门：指门襟、里襟重叠的部位。不同款式的服装其搭门宽不同，根据服装的搭门宽窄范围，可分为单排扣、双排扣，搭门宽为1.5～8cm不等。一般服装衣料越厚重，使用的纽扣越大，搭门尺寸也越宽。

（13）门襟、里襟：门襟指开扣眼一侧的衣片；里襟指钉纽扣一侧的衣片，与门襟相对应。

2. 袖子

（1）袖窿弧线：装袖的衣片和袖子的缝合线。

（2）袖窿对位点：在成衣制作缝合时，衣片袖窿弧线上的袖窿对位点与袖子上的袖窿对位点对应缝合的位置。

（3）袖内弧线：衣袖大袖内弧线与小袖内弧线的缝合线。

（4）袖外弧线：衣袖大袖外弧线与小袖外弧线的缝合线。

（5）袖肥线：即袖宽线，也是腋下点所在的水平线。

（6）袖肘线：从袖肥线垂直向下17cm处画横线，这条横线即袖肘线。

（7）袖口围：掌围尺寸+放松量，西服常为24～26cm。

（8）袖口线：袖子下口边缘的横线。

（9）袖山弧线：袖山头的轮廓线。根据袖窿的变化修正袖山弧线，袖山弧线与衣身的拼接有三种状态：一是袖山弧线长与衣身袖窿弧线长相等，如宽松的服装，夹克、T恤等；二是袖山弧线长比衣身袖窿弧线长短0.7～1cm，如宽松的衬衫；三是袖山弧线长比衣身袖窿弧线长要长，如合体的西服，吃势要保持在3.5～6cm，具体多少与面料有关，厚料多，薄料少，这需要通过调整袖山高和袖肥来实现。

（10）袖衩：后袖缝袖口处具有装饰作用的设计，女上装通常是两粒扣。

3. 领子

（1）翻折线：指驳头翻折的部位。翻折线的弧度是西服的设计重点，弧度美观但不需要人工整烫压死，要显现出自然的翻折状态。

（2）翻领：指翻折在外侧的领子。

（3）驳头：指门、里襟上部随衣领一起向外翻折的部位。

（4）串口线：指领面与驳头面的缝合线。

第二节　连衣裙裁剪制图部位

一、连衣裙制图各部位名称

图3-4所示为常见的连衣裙款式。图3-5所示为连衣裙纸样和各部位的名称。

此款连衣裙，样式比较常规。如图3-5所示，左边部分为连衣裙的后半片，中间部分为袖子与领口贴边，右边部分为连衣裙的前片。后片为方便人穿脱，在后中心线位置设计一道分割线，所以纸样分为四片，上半片和下半片都在后中心线缝合，再在后腰线处将完整的上、下两片缝合。连衣裙的前片分为上、下两片，上片与下片在腰线处缝合。

图3-4　常见连衣裙

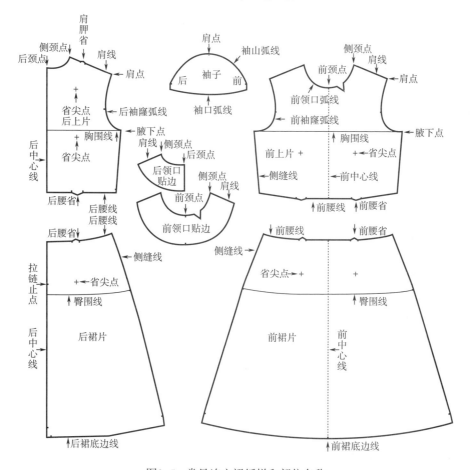

图3-5　常见连衣裙纸样和部位名称

前后完整的两片在肩线处对应缝合（侧颈点对应侧颈点，肩点对应肩点），再将两边的侧缝线处对应缝合形成完整的裙身。袖子在缝合的时候，应注意袖子肩点对应衣身肩点位置。两片后领口贴边分别与后片的后颈点到侧颈点位置对应缝合，前领口贴边与前片的侧颈点、肩线位置对应缝合（图3-6）。

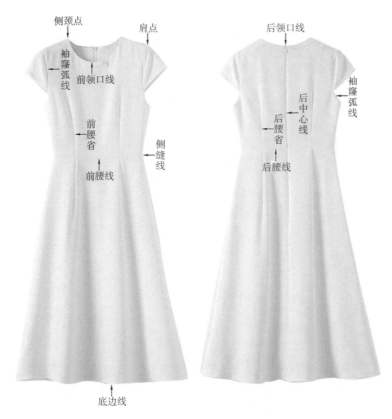

图3-6　连衣裙实物与纸样名称的对应关系

二、连衣裙制图各部位与人体的对应关系

1. 衣身

参照图3-5所示，连衣裙纸样由上至下、由左至右的部位名称如下。

（1）后颈点：后中心线顶端的点。

（2）侧颈点：指人体的脖颈与肩部连接的点。

（3）肩胛省：指后身肩部的省道。一般非常贴身的服装才有，其省量为归量，可以适当加大后肩斜。

（4）肩点：袖窿弧线与肩斜线的交点。

（5）肩线：侧颈点到肩点的直线距离。此款有袖连衣裙，肩线长度较为常规；如果是无袖连衣裙也可以根据款式适当加长或者缩短肩线。

（6）后领口弧线：后领口的弧长。

（7）胸围线：指胸围与袖窿深的位置线。袖窿下1~2cm，两边缝份之间的距离，在绘制纸样时，与后中心线垂直。

（8）后中心线：后片的中心线。该款式为合体造型，后背绱拉链，可使后衣片更好的贴合人体。

（9）臀围线：一般腰围线向下取腰长18~20cm，画水平线为臀围线，平行于腰围线。

（10）底边线：衣、裙的下部边缘线。

（11）侧缝线：前、后侧缝线的缝合线。

（12）省道：服装结构设计中最常见的方法之一。通过分析人体体型结构特征线，省道可以使连衣裙更加合体，也可以通过款式设计省道，成为具有装饰功能的省道，所以省道在连衣裙中非常重要。

（13）前中心线：前片的中心位置，绘制前片的第一步，长度取决于连衣裙的长度。

（14）前颈点：前中心线与前领口弧线的交点。

（15）前领口弧线：前领口的弧长。

2. 袖子、领口贴边

（1）袖窿弧线：前、后片袖窿的轮廓线。在绘制图纸时，需要确定上围深、胸宽、背宽、肩宽等数据，即能将衣片的袖窿弧线画出来。

（2）袖口弧线：袖口的轮廓线。

（3）领口贴边：以肩线和领口弧线为依据，画3~4cm宽的贴边。

第四章　女上装常用面料与辅料

第一节　常用面料与辅料简介

一、常用面料

在选择衬衫、连衣裙的面料时，应根据具体款式进行选择。通常情况下，制作春夏季衬衫、连衣裙的面料较轻、较柔，包括机织面料、针织面料，以及真丝、牛仔面料等，每种面料都有其独特的风格，需要与衬衫和连衣裙的款式相匹配。

选择西服、大衣的面料时，也应根据具体款式来进行选择。通常情况下，制作西服、大衣的面料较为厚实、挺括，包括毛呢、毛绒、混纺织物等，不仅保暖舒适，而且外形美观，穿在身上显得较为高档。每种面料都有其独特的风格，需要与西服和大衣的款式相匹配。

1. 春夏女上装面料

春夏女上装常用面料见表4-1。

表 4-1　春夏女上装常用面料

面料名称		图示	面料说明
棉类面料	棉布		棉布是以棉纱为原料织造的织物。棉布吸水性强，耐磨耐洗，柔软舒适，冬季穿着保暖性好，夏季穿着透气凉爽。但其弹性较差，缩水率较大，容易起皱
	绉纱布		绉布的布面具有纵向均匀皱纹，是薄型平纹棉织物，也可以称为绉纱。绉布手感柔软，纬向弹性较好，质地绵柔轻薄，有素色、色织、漂白、印花等多种

续表

面料名称		图示	面料说明
棉类面料	人造棉		人造棉是棉型人造短纤维织物的俗称，是以纤维素或蛋白质等天然原料经过化学加工织造的，其规格与棉纤维相似。其特点是可染性好、鲜艳度和牢度高、穿着舒适、耐稀碱、吸湿性与棉接近。缺点是不耐酸、回弹性和耐疲劳性差、湿力学强度低。可以纯纺，也可以与涤纶等化学纤维混纺
	四面弹锦棉		锦棉是经向使用锦纶丝，纬向使用棉纱织成的面料。四面弹是经和纬都增加氨纶丝，经向、纬向都有高弹性。多用来制作外套大衣、包臀裤子等，在修身塑形方面有良好的效果
麻类面料	亚麻布		亚麻布是将亚麻捻成线织成的，表面不像化纤织物和棉布那样平滑，具有生动的凹凸纹理。除合成纤维织物外，亚麻布是纺织品中最结实的一种。其纤维强度高，不易撕裂或戳破
	苎麻	 苎麻面料　　　　夏布	苎麻是一种优质的纤维作物，且吸水快干、易散热、易清洗，透气通风，穿着凉爽舒适。它的天然抗菌的优越性，自然独特的肌理效果，地域民族的风格特征是别的纤维无法比拟的。同时苎麻又适宜与羊毛、棉花、化纤混纺，制成麻涤纶、麻腈纶等，美观耐用，是理想的夏秋季面料 夏布是以苎麻为原料编织而成的麻布。因麻布常用于夏季衣着，凉爽舒适，又俗称夏布、夏物

面料名称		图示	面料说明
丝类面料	桑蚕丝		桑蚕丝，就是桑蚕结的茧里抽出的蚕丝，为蛋白质纤维，属多孔性物质，透气性好，吸湿性极佳，被誉为"纤维皇后"，其色泽白里带黄，手感细腻光滑 桑蚕丝一般产于南方，手感柔软、光滑、色泽典雅，纤维细
	柞蚕丝		以柞蚕所吐之丝为原料缫制的长丝称为柞蚕丝，具有独特的珠宝光泽、天然华贵、滑爽舒适，柞蚕丝纺织制品，刚性强，耐酸碱性强，色泽天然，纤维粗，保暖性好 柞蚕丝一般产于北方，强伸性能较好、耐腐蚀、耐光、吸湿性好、色泽天然，纤维粗吸湿透气，蓬松保暖好
	真丝面料	 双绉　　　　重绉 乔其　　　　素绉缎 弹力素绉缎　　经编针织面料	常见的真丝面料有双绉、重绉、乔其、双乔、重乔、桑波缎、素绉缎、弹力素绉缎、经编针织物等 ①双绉面料，经高温定型，面料组织稳定，抗皱性较好，印染饱和度较高，色泽鲜艳 ②重绉，优点是面料垂性较好，抗皱性更强一些 ③乔其，优点是飘逸轻薄 ④桑波缎，属丝绸面料中的常规面料，缎面纹理清晰，古色古香 ⑤素绉缎，缎面亮丽高贵，手感滑爽，面料的缩水率相对较大，下水后光泽有所下降 ⑥弹力素绉缎，是新面料，成分中除了桑蚕丝，还加有5%~10%的氨纶，属交织面料，其特点是弹性好，缩水率相对较小 ⑦经编针织面料，手感柔和，属于针织类新特面料，科技含量高，为高档精品，价格高

续表

面料名称		图示	面料说明
凡立丁			凡立丁是用精梳毛纱织制的轻薄型平纹毛织物。织纹清晰，呢面平整，手感滑爽挺括，透气性好，多为匹染素色，颜色匀净，光泽柔和，适宜夏令服装。凡立丁以全毛为主，也有混纺和纯化纤品种
雪纺			雪纺学名叫乔其纱，又称乔其绉，根据所用的原料可分为真丝乔其纱、人造丝乔其纱、涤丝乔其纱和交织乔其纱等几种。雪纺为轻薄透明的织物，具有柔软、滑爽、透气、易洗的优点，舒适性强，悬垂性好。面料既可染色、印花，又可绣花、烫金、压皱等，兼具素雅之美感
欧根纱			欧根纱也叫柯根纱、欧亘纱，一般有透明和半透明的轻纱，有普通欧根纱和真丝欧根纱，区别是一种是化纤一种是真丝，真丝欧根纱是丝绸系列面料类别的一种，本身带有一定硬度，易于造型。真丝欧根纱手感丝滑且不会扎皮肤，仿丝欧根纱比较硬，与皮肤直接接触会略感不适
牛仔面料	全棉牛仔布		牛仔布是一种较粗厚的色织经面斜纹棉布，经纱颜色深，一般为靛蓝色，纬纱颜色浅，一般为浅灰或煮练后的本白纱。牛仔布又称靛蓝劳动布。缩水率比一般织物小，质地紧密，厚实，色泽鲜艳，织纹清晰。适用于男女牛仔裤、牛仔上装、牛仔背心、牛仔裙等。牛仔布分为丝光竹节、全棉竹节等

续表

面料名称		图示	面料说明
牛仔面料	弹力牛仔布		弹力牛仔布大多为纬向弹力，弹性一般在20%~40%。弹力牛仔布在棉中添加了莱卡成分，莱卡棉为氨纶，具有弹性特点
	天丝牛仔布		天丝又称莱赛尔，具有天然纤维和合成纤维等的多种优良性能，舒适亲肤，手感柔顺爽滑，透湿性、透气性好，缩水率稳定，环保健康，布面自然、光泽靓丽。其原料来源于自然中的纤维素。天丝牛仔布手感挺爽，吸湿透气具有丝绸的悬垂性。天丝牛仔布幅宽尺寸稳定性好，缩水率在标准范围内
蕾丝			蕾丝分为有弹蕾丝面料和无弹蕾丝面料，也称花边。有弹蕾丝面料的成分为氨纶10%、尼龙90%，可用于服装主要面料；无弹蕾丝面料的成分为100%尼龙，主要用作服装装饰辅料，也可以与其他面料搭配作为服装主要面料
速干面料			速干面料所用材质以聚酯纤维为主，也有部分采用大豆等环保型纤维。聚酯纤维也称锦纶，其最大特点是能将汗水迅速转移到衣服的表面，并通过尽可能扩大面积来加快蒸发速度，从而达到速干的目的
莫代尔			莫代尔纤维是一种纤维素纤维，是纯正的人造纤维，对生理无害且可以生物降解。其具有柔软的手感，流动的悬垂感，迷人的光泽和高吸湿性。用于贴身衣物时，拥有特别理想的效果，使肌肤保持干爽舒适。但其具有弹性，在制作过程中要特别注意

2. 秋冬女上装面料

秋冬女上装常用面料见表4-2。

表 4-2 秋冬女上装常用面料

面料名称		图示	面料说明
羊毛面料			100%羊毛成分的面料手感柔软而富有弹性，身骨挺括、不板、不烂，有膘光感，颜色纯正，光泽自然柔和。精纺羊毛类面料大多为薄型和中型，表面光洁平整，质地精致细腻，纹路清晰，悬垂感较好。粗纺羊毛类面料大多为中厚型和厚型，呢面丰满，质地或蓬松或致密，手感温暖、丰厚。纯羊毛面料用手紧握、抓捏松开后基本无折皱，有轻微折痕也可在短时间内褪去，很快恢复平整
毛呢面料	哔叽		哔叽是一种用精梳毛纱织制的素色斜纹毛织物。表面光洁平整，纹路清晰，质地较厚而软，紧密适中，悬垂性好，以藏青色和黑色为多。适合用作学生服、军服和男、女套装服料
	麦尔登		麦尔登也称麦呢，是一种品质较高的粗纺毛织物。麦尔登表面细洁平整、身骨挺实、富有弹性。有细密的绒毛覆盖织物底纹，耐磨性好，不起球，保暖性好，并有抗水防风的特点，是粗纺呢绒中的高档产品之一。主要用作大衣、制服等冬季服装的面料
	华达呢		华达呢用精梳毛纱织制，是有一定防水性的紧密斜纹毛织物，又称轧别丁。其呢面平整光洁，斜纹纹路清晰细致，手感挺括结实，色泽柔和，多为素色，也有闪色和夹花的。但穿着后长期受摩擦的部位因纹路被压平容易形成极光

续表

面料名称		图示	面料说明
毛呢面料	粗花呢	 	粗花呢的外观特点就是"花"。与精纺呢绒中的薄花呢相仿，织成人字、条纹、格纹、星点、提花、夹金银丝以及条形的宽、窄、明、暗等几何图形的花式粗纺织物。粗花呢的花式品种繁多，色泽柔和，主要用作春秋两用衫、女式风衣等
绒类面料	平绒	 	平绒是采用起绒组织织制再经割绒整理，表面具有稠密、平齐、耸立而富有光泽的绒毛。平绒绒毛丰满平整，质地厚实，手感柔软，光泽柔和，耐磨耐用，保暖性好，富有弹性，不易起皱。平绒洗涤时不宜用力搓洗，以免影响绒毛的丰满、平整
	羊绒	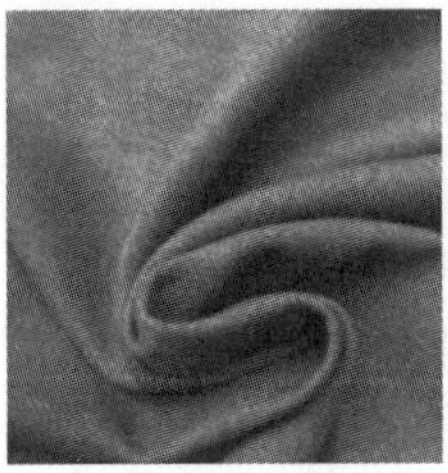 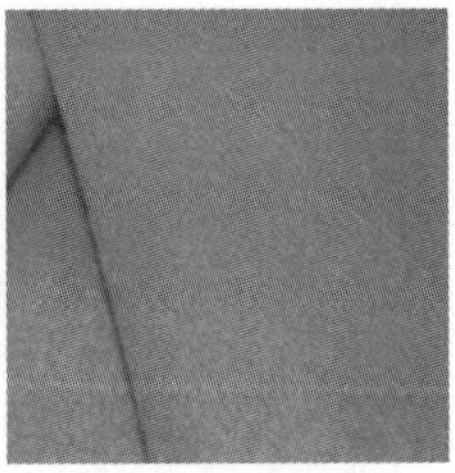	羊绒面料即使用羊绒原料纺织而成的服装面料，大都具有穿着舒服、吸汗透气、悬垂挺括、视觉尊贵、触觉柔美等特色。羊绒面料也为面料中最高档的，质感一流
	天鹅绒	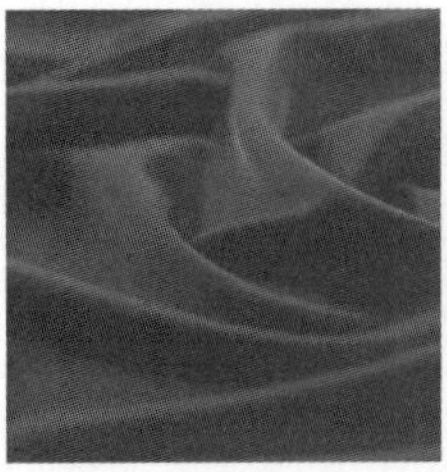 	天鹅绒是以绒经在织物表面构成绒圈或绒毛的丝织物名，又称漳绒。天鹅绒有花、素之分，富丽华贵，可用作秋冬衣料等。天鹅绒的绒毛或绒圈紧密耸立，色光文雅，织物坚牢耐磨，不易褪色，回弹性好

续表

面料名称		图示	面料说明
绒类面料	法兰绒		法兰绒是一种用粗梳毛（棉）纱织制的柔软而有绒面的毛（棉）织物。其色泽素净大方，有浅灰、中灰、深灰之分，适宜制作春秋男、女上装和西裤。法兰绒克重高，毛绒比较细腻且密，面料厚，成本高，保暖性好。法兰绒呢面有一层丰满细洁的绒毛覆盖，不露织纹，手感柔软平整，身骨比麦尔登呢稍薄。经缩绒、起毛整理，手感丰满，绒面细腻
	羊驼绒		羊驼绒是以羊驼绒毛作为原料，有着较好的绝缘性和保暖功能，也有着丝绸般的光泽，保暖性能比其他大部分羊毛更好，强度更高，还不起球。羊驼毛中没有油脂，所以无异味。其具有弹性好、不易变形，不滞水且抗太阳辐射的好处。此外，衣物经洗涤后不缩水，颜色品种共有 22 种天然色。羊驼毛织成的衣物轻盈、柔软，穿着舒适，没有刺痛感
	灯芯绒		灯芯绒，又称灯草绒、条绒，是割纬起绒、表面形成纵向绒条的棉织物。灯芯绒原料以棉为主，也有与涤纶、腈纶、氨纶等化纤混纺的。其特点是质地厚实，手感柔软，保暖性良好。主要用途有秋冬季外套、鞋帽面料等
	貂绒		貂绒，顾名思义，如"水貂"般毛绒丰厚、贴身保暖的毛衣面料，并非毛皮动物水貂身上的绒毛。其是一种新型面料，毛绒丰厚、色泽光润、手感顺畅、轻柔结实、贴身保暖。用它织成的毛衣外套雍容华贵，是理想的冬季着装
	长毛绒		长毛绒，也称海虎绒，绒毛平整挺立，毛丛稠密坚挺，绒面光泽明亮、柔和，手感丰满厚实，保暖轻便，具有良好的耐穿性

续表

面料名称		图示	面料说明
绒类 面料	珊瑚绒		常见的珊瑚绒均以涤纶纤维为原料，丝纤度细，因而其织物具有杰出的柔软性。珊瑚绒是色彩斑斓、覆盖性好的呈珊瑚状的纺织面料，质地细腻，手感柔软，不易掉毛，不起球，不掉色，对皮肤无任何刺激，不过敏，外形美观，适宜制作秋冬家居服
涤纶 面料			涤纶是合成纤维中的一个重要品种，是我国聚酯纤维的商品名称，是三大合成纤维中工艺最简单的一种，价格也相对便宜。再加上它有结实耐用、弹性好、不易变形、耐腐蚀、绝缘、挺括、易洗快干等特点，为人们所喜爱
太空棉			太空棉也称慢回弹，由五层构成，具有"轻、薄、软、挺、美、牢"等许多优点，直接加工无须再整理及绗缝，可直接洗涤，是冬季抗寒的理想产品，也是抗热、防辐射不可多得的产品
皮革			"真皮"在皮革制品市场上是常见的字眼，是人们为区别合成革而对天然皮革的一种习惯叫法。动物革是一种自然皮革，即常说的真皮。常用于服装制作的有猪皮、羊皮、翻毛皮等 人造革也称仿皮或胶料，是 PVC 和 PU 等人造材料的总称。它是在纺织布基或非织造布基上，由各种不同配方的 PVC 和 PU 等，根据不同强度、耐磨度、耐寒度和色彩、光泽、花纹图案等要求加工制成，具有花色品种繁多、防水性能好、边幅整齐、利用率高和价格相对真皮便宜的特点

二、常用辅料

1. 女上装里料

服装里料，主要分为棉纤维里料、丝织物里料和合成纤维长丝里料等。棉纤维里料的主要品种有细布条格布、绒布等，多用于棉织物面料的休闲装、夹克、童装等。此类里料吸湿、保暖性较好，静电小，穿着舒适，价格适中，但不够光滑。丝织物里料有电力纺、塔夫绸、绢丝纺、软缎等，多用于丝绸服装、夏季薄型毛料服装、高档毛呢服装和裘皮、皮革服装等。此类里料光滑、质地美观，凉爽感好，静电小，但不坚牢，缩水率较大，价格较高。

　　服装里料的作用是改善服装外观、便于服装穿脱、增加服装保暖性、提高服装档次等，在服装中占有重要地位。女上装常用里料见表4-3。

表 4-3　女上装常用里料

里料名称		图示	里料说明
春夏季上装里料	纯棉里料		纯棉里料既有机织物也有针织物，多经磨毛整理。该里料吸湿、透气性好，对皮肤无刺激性，穿着舒适，不易脱散，花色较多，价格较低 适用范围：贴身背心、童装等的里料
	府绸里料		府绸是由棉、涤、毛、棉或混纺纱织成的平纹细密织物。其手感和外观类似于丝绸，故称府绸，质地细密、平滑而有光泽，垂感好，感观朴实 适用范围：衬衫、夏令衣衫及日常衣裤
	电力纺里料		电力纺又称纺绸，属于丝织物里料的一种，绸身细密轻薄，平挺滑爽，光泽华丽。比一般绸制品更透凉和柔软，是夏装材料之佳品。电力纺织物质地紧密细洁，手感柔挺，光泽柔和，穿着舒适 适用范围：重磅的主要用作夏令衬衫、裙子面料；中等的可用作服装里料；轻磅的可用作衬裙、头巾等
	弹力针织里料		高弹力针织里料，触感光滑，纹路清晰，光泽自然柔和，手感柔软富有弹性，不贴身，具有悬垂性，亲肤透气 适用范围：夏季雪纺裙装里料

续表

里料名称		图示	里料说明
秋冬季上装里料	涤棉里料		涤棉里料属于棉纤维里料，指涤纶与棉混纺织物。涤棉轻薄、透气性好、不易变形，弹性和耐磨性都较好，尺寸稳定，缩水率小，具有挺拔、不易皱折、易洗、快干的特点，不能用高温熨烫和沸水浸泡。穿着过程中易产生静电而吸附灰尘 适用范围：夹克、风衣等
	醋酯纤维里料		醋酯纤维里料色彩鲜艳，外观明亮，触摸柔滑、舒适，吸湿透气性、回弹性较好，不起静电和毛球，贴肤舒适 适用范围：各种高档品牌时装里料，如风衣、皮衣、礼服等
	尼龙绸		尼龙绸属于合成纤维长丝里料，是一般服装常用的里料，质地轻盈，平整光滑，坚牢耐磨，不缩水，不褪色，价格便宜。但是吸湿性小，静电较大，穿着有闷热感，不够悬垂，也容易吸尘 适用范围：中低档的夹克、风衣等里料
	真丝里料		真丝里料属高档品，柔软、光滑，色泽艳丽，吸湿、透气性好，对皮肤无刺激性，不易产生静电。由于真丝里料轻薄、光滑，对加工工艺要求较高 适用范围：裘皮大衣、羽绒服、皮革上衣、纯毛服装等里料
	聚酯纤维里料		聚酯纤维又称涤纶，具有优良的耐皱性、尺寸稳定性、耐摩擦。可纯纺织造，也可与棉、毛、丝、麻等天然纤维或其他化学纤维混纺交织 适用范围：秋冬裙装、套装等里料

续表

里料名称		图示	里料说明
秋冬季上装里料	美丽绸		美丽绸是以有光人造丝为原料，以斜纹组织织成，其主要风格特征是织物表面平滑，正面光泽明亮，有斜纹路，反面暗淡无光，手感爽滑 适用范围：呢绒大衣、西服等里料

2. 女上装衬料

服装衬料，指用于服装某些部位起衬托、完善服装塑型或辅助服装加工的材料，如领衬、胸衬、腰头衬等。服装衬料种类繁多，按使用的部位、衬布用料、衬料底布类型、衬料与面料的结合方式可以分为若干类。主要品种有棉布衬、麻衬、毛鬃衬、马尾衬、树脂衬、黏合衬等。女上装常用衬料见表4-4。

表 4-4　女上装常用衬料

衬料名称		图示	衬料说明
黏合衬	布质黏合衬		布质黏合衬是以针织或者机织布为基布，常用于服装的主体或重要部位，如大身、衣领、衣袖等。根据不同的需求手感有软硬之分
	非织造黏合衬		非织造黏合衬是以非织造布为底布，材质通常有锦纶、涤纶、黏胶纤维等；相对布质黏合衬价格上较占优势，但质量略逊一筹。非织造黏合衬适用于一些边角部位，如开袋、锁扣眼等处，但有厚薄之分，其厚度会直接体现在所使用的部位，可根据需要选择
	双面黏合衬		常见的双面黏合衬薄如蝉翼，也称双面胶。通常用它来粘连固定两片布，如在贴布时可用它将贴布粘在裁片布上，操作十分方便。市场上还有整卷带状的双面黏合衬，这种黏合衬在折边或者绲边时十分有用

衬料名称		图示	衬料说明
毛衬	马尾衬		普通马尾衬是用马尾鬃与羊毛交织，或马尾鬃作纬、棉纱（棉混纺纱）作经的平纹织物。受马尾长度的限制，马尾衬幅宽很窄，产量亦少。由于马尾鬃的弹性很好，马尾衬不但弹性足、柔而挺、不易折皱而且在高温潮湿条件下易于造型，所以马尾衬是高档服装用衬 包芯马尾衬是将马尾鬃用棉纱包覆并一根根连接起来，用马尾包芯纱作纬纱制作，可用现代织机织造，还可进行特种后整理，其使用价值进一步提高
	黑炭衬		黑炭衬，又称毛衬，是以纯棉纱为经，山羊毛、牦牛毛、人发与黏胶混纺为纬交织而成，山羊毛、牦牛毛在性能上具有弹性好、抗皱能力强等基本特点。其用途广泛，既可与马尾衬配合使用，又可与其他衬布配合使用，是理想的高档服装衬布
树脂衬			树脂衬的手感和弹性根据不同服装和用途而定，常有软、中、硬三种手感。质量好的树脂衬在水洗后手感和弹性变化不大，手感越硬需要涂的树脂就越多，其断裂强力也越低
纸衬			纸衬外观看起来像纸，在服装衬布中属于非织造衬布。纸衬一般在面料和里布的夹层，起衬托服装的作用。一般衣服的口袋用纸衬较多
棉布衬			棉布衬有粗布类和细布类之分。粗布类属于棉粗平布织物，其外表比较粗糙，有棉花杂质存在，布身较厚实，质量较差，一般用于做大身衬、肩盖衬、胸衬等。细布类属于棉细平布织物，其外表较为细洁、紧密。细布衬又分本白衬和漂白衬两种。本白衬一般用于领衬、袖口衬、背衩衬、牵条等。漂白衬则用于驳头衬和下脚衬。棉布衬大多属于低档衬布

续表

衬料名称	图示	衬料说明
麻衬		麻衬是以麻纤维为原料的平纹组织织物,具有良好的硬挺度与弹性,是高档服装用衬。市场上大多数麻衬,实际上是纯棉粗布浸入适量树脂胶汁处理后制成的,是西装、大衣的主要用衬
衬垫		在肩部为了体现肩部造型使用的垫肩及胸部为增加服装挺括饱满风格使用的胸衬均属衬垫材料,一般没有胶

3. 女上装辅料

用于制作上装的辅料也与季节相关。春夏季上装基本的辅料有纽扣、挂钩、拉链、橡筋带等,装饰辅料有蕾丝、薄纱等;秋冬季上衣的装饰辅料有铆钉、徽章等。女上装常用辅料见表4-5。

表4-5 女上装常用辅料

辅料名称		图示	辅料说明
拉链	金属拉链		金属拉链较为坚固,成本也较高,根据尺寸分为3#、4#、5#、7#、8#等 适用范围:牛仔服装、休闲装等
	尼龙拉链		尼龙拉链成本较低,使用范围广,是目前市场上比较受欢迎的一种拉链 适用范围:休闲装、套装等

辅料名称		图示	辅料说明
拉链	树脂拉链		树脂拉链又称塑钢拉链，耐用性要比金属拉链和尼龙拉链好 适用范围：休闲装，常见于口袋装饰
纽扣	金属扣		金属纽扣为金属材质制作而成，可分为四合扣、工字扣、牛仔扣、撞钉、角钉、鸡眼、气眼、缝线扣等。使用时根据服装需要搭配适合的纽扣 适用范围：牛仔服装、休闲装等
	树脂扣		树脂纽扣是不饱和聚酯纽扣的简称，其耐磨性好，耐高温、耐化学性，种类繁多、仿真性强。有瓷白纽扣、平面珠光纽扣、玻璃珠光纽扣、云花仿贝纽扣和条纹纽扣等多种 适用范围：休闲装、职业装等
	牛角扣		牛角扣大多由树脂材料配色浇铸而成，其造型酷似牛角，也可采用塑料、木头、竹子和牛角等材料车削而成，广泛应用于各类服饰 适用范围：针织衫、风衣、大衣等
	按扣		按扣也称为子母扣、揿扣、暗扣、啪纽等，材质有金属、树脂、塑料之分，具有方便、快捷、隐形等特点 适用范围：多用于上衣

续表

辅料名称	图示	辅料说明
腰带扣	 	腰带扣,又名皮带扣、皮带头、腰带头、扣头,材质一般为纯铜、锌合金、钢钛合金等,采用高温熔解铸造冷却而成。腰带扣按类型可分为日字形腰带扣、蛋形腰带扣、半圆形腰带扣、D字形腰带扣、方形腰带扣、圆形型腰带扣、椭圆形腰带扣、目字形腰带扣等 　适用范围:大衣等
挂钩	 	挂钩常用于女士内衣,有大小之分,需要根据服装大小和使用部位进行选择 　适用范围:中式服装,或配合隐形拉链在开合端点处固定开口
橡筋带	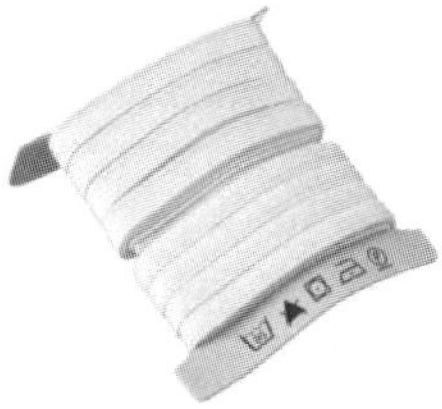 	橡筋带又称为橡丝、橡筋线、松紧带、打揽线等,由双股纤维丝(涤纶丝或锦纶丝,又名特多龙丝或尼龙丝)包覆而成,有宽窄之分 　适用范围:休闲装、运动装等
抽绳	 	抽绳可以选择购买,也可以用服装边角料制作,穿绳时可以使用穿橡筋器 　适用范围:休闲装、运动装等
罗纹	 	罗纹的脱散性较好,且弹性优异,多用于袖口或者下摆等处,穿在身上之后能起到较好的收身效果 　适用范围:休闲装、运动装等

续表

辅料名称		图示	辅料说明
装饰辅料	蕾丝		蕾丝是一种舶来品，由英文 Lace 音译，既可以作为服装中的装饰，也可以大面积使用直接成为服装的主要面料 适用范围：淑女装均可使用
	徽章		徽章作为装饰近年来被广泛、大量地使用，有纺织品制作的，也有用塑料制作作为胸针使用的 适用范围：休闲装、牛仔装等
	珍珠、铆钉等	 珍珠　　　　　　铆钉	珍珠可以作为装饰缝在服装上，也可以作为纽扣；铆钉由于需要把尖锐的四个角插入服装所以可能会划伤皮肤，不建议在贴身穿着的服装上使用，或者在服装上缝制衬布 适用范围：可根据服装款式进行装饰

第二节　不同款式女上装面料、辅料的选择

一、衬衫面料、辅料的选择

衬衫（Shirt），又名衬衣、恤衫，是一种穿在西装里面的上衣，也可单独穿用。随着时装的发展，衬衫的种类越来越多，面料也随之变化，不同面料的衬衫有着不同的上身效果。

常用面料有纯棉面料、混纺面料、雪纺面料、牛仔面料等。常用辅料有纽扣、蕾丝、珍珠、铆钉等。

1.纯棉面料衬衫

纯棉面料的衬衫穿着舒适、柔软、吸汗，但是易皱且容易缩水，所以成为中低档衬衫的常用面料，如图4-1所示。

2.混纺面料衬衫

混纺面料的衬衫不易变形、不易皱、不易染色或变色。有些混纺面料具备一些功能性，如相对较高的弹性，因此被应用于专门用途的较高档衬衫，如图4-2所示。

图4-1　纯棉衬衫

图4-2　混纺衬衫

3.雪纺面料衬衫

雪纺面料的衬衫具有飘逸感，面料舒适且爽滑，适合春夏季穿着，如图4-3所示。

4.牛仔面料衬衫

牛仔面料的衬衫牢固且耐磨性好，穿上具有复古感，春夏季可以单穿，秋冬季也可以内搭，如图4-4所示。

图4-3　雪纺衬衫

图4-4　牛仔衬衫

二、西服面料、辅料的选择

西服一直是男性服装王国的宠物，"西装革履"常用来形容文质彬彬的绅士俊男。在日益开放的现代社会，西服作为一种衣着款式也进入了女性服装的行列，体现出女性和男性一样的独立、自信，也有人称西服为女人的千变外套，不同面料的西服也有着不同的穿着效果。

常用面料有羊毛面料、羊毛混纺面料、涤纶与黏胶混纺面料、纯化纤仿毛面料等。常用辅料有纽扣。

1. 纯羊毛面料西服

纯羊毛精纺面料质地较薄，呢面光滑并且纹路清晰，光泽自然柔和，有膘光，身骨挺括，手感柔软而弹性丰富，常用于春夏季所穿西服，如图4-5所示。

纯羊毛粗纺面料质地厚实，呢面丰满而色光柔和，呢面和绒面类不露纹底，纹面类织纹清晰而丰富，手感温和，挺括而富有弹性，常用于秋冬季所穿西服，如图4-6所示。

图4-5　纯羊毛精纺西服　　　　　　图4-6　纯羊毛粗纺西服

2. 羊毛混纺面料西服

羊毛混纺面料的西服分为羊毛与涤纶混纺面料西服、羊毛与黏胶或棉混纺西服、羊毛与聚酯纤维混纺西服等，穿着既舒适又有型，富含高级感，属于比较常见的中档西服，如图4-7所示。

3. 涤纶与黏胶混纺面料西服

涤纶与黏胶混纺面料的西服近几年出现的比较多，质地保暖，表面光滑有质感，是春夏季所穿着的西服，属于中档西服，如图4-8所示。

4. 纯化纤仿毛面料西服

纯化纤仿毛面料的西服，缺乏挺括感，弹性较差，属于低档西服。

图4-7　羊毛混纺西服　　　　　　　　图4-8　涤纶与黏胶混纺西服

三、大衣面料、辅料的选择

大衣是冬季必不可少的女上装之一，不仅美观且保暖，大衣的款式多种多样，面料也随之多变，不同面料有着不一样的穿着效果。

常用面料有毛呢面料、绒类面料、皮革面料等。常用辅料有纽扣、拉链、腰带扣等。

1. 毛呢面料大衣

毛呢面料又分为羊毛呢、哔叽、羊驼毛等。

羊毛呢面料手感比较粗糙，是市面上最常用的大衣面料。一件大衣的品质取决于羊毛的含量，含量越多则品质越好，如图4-9所示。

哔叽面料是精纺呢绒的传统品种，色光柔和，手感丰厚，坚牢耐穿，所以是大衣的常用面料，如图4-10所示。

图4-9　羊毛呢大衣　　　　　　　　　图4-10　哔叽大衣

羊驼毛面料不仅能够保湿，还能有效地抵御日光辐射，保暖性能也非常好，如图4-11所示。

2. 绒类面料大衣

绒类面料的大衣这近几年比较流行，柔软舒适且保暖，是冬季必不可少的时尚单品之一，但是绒类面料大衣比较难打理，这也是它的缺点之一，如图4-12所示。

图4-11　羊驼毛大衣　　　　　　　图4-12　绒类面料大衣

3. 皮革面料大衣

皮革面料的大衣上身既有气场又能抵御风寒，而且具有时尚感，如图4-13所示。

根据面料的性能特点选择合适的上衣面料，是选择面料的原则，还需要根据设计的效果灵活选用，以达到想要的款式效果。

图4-13　皮革大衣

第五章 女上装流行款式结构制图实例

第一节 衬衫流行款式

一、半高领简约无袖衬衫

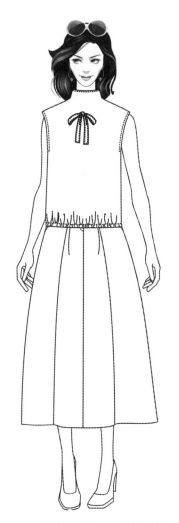

图5-1 半高领简约无袖衬衫效果图

1.款式说明

半高领简约无袖衬衫，简单的H廓型，如图5-1所示。领口采用半高领设计，使整体具有修长的视觉感，H廓型给人以轻松、随和、舒适、自由的感觉，蝴蝶结飘带为服装画龙点睛，设计偏向青春风格，所以穿着的人群多为年轻女性，在搭配方面可以选择款式简洁的裙子、阔腿裤、短裤等下装。

2.款式图

半高领简约无袖衬衫的正、背面款式如图5-2所示。

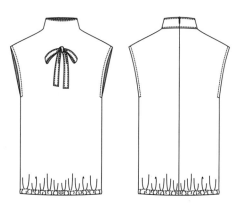

图5-2 半高领简约无袖衬衫款式图

3. 面料、辅料的选择

（1）面料：半高领简约无袖衬衫可选择雪纺面料、蕾丝面料、桑蚕丝面料等制作，如图5-3所示。

（2）辅料：半高领简约无袖衬衫可选择的辅料有松紧带、隐形拉链等，如图5-4所示。

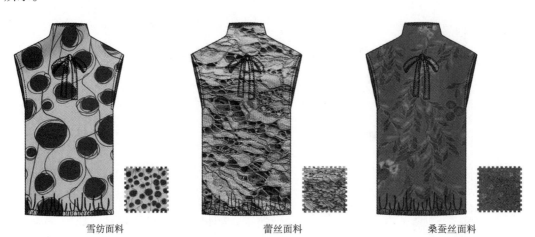

雪纺面料   蕾丝面料   桑蚕丝面料

图5-3 半高领简约无袖衬衫常用面料

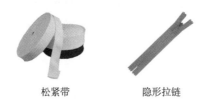

松紧带   隐形拉链

图5-4 半高领简约无袖衬衫常用辅料

4. 服装尺寸

成衣规格为160/68A，依据我国使用的服装常用标准GB/T 1335.2—2008《服装号型女子》。基准测量部位及参考尺寸，见表5-1。

表 5-1 半高领简约无袖衬衫参考尺寸   单位：cm

部位	衣长	胸围	肩宽	下摆围
尺寸	73	117	67.5	128

5. 结构图

半高领简约无袖衬衫结构制图包括前片、后片和蝴蝶结飘带，如图5-5所示。

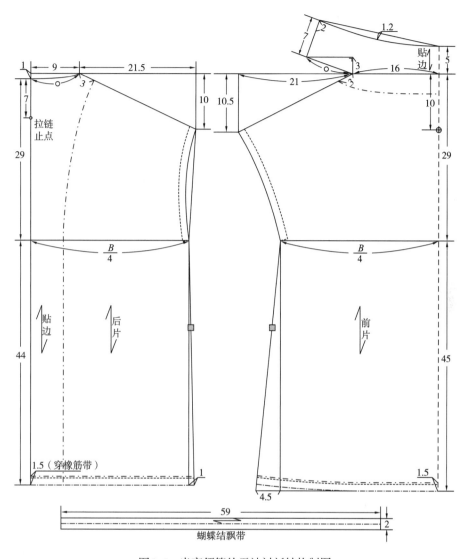

图5-5 半高领简约无袖衬衫结构制图

二、娃娃领宽松后系扣不对称下摆衬衫

1. 款式说明

娃娃领宽松后系扣不对称下摆衬衫，如图5-6所示。不对称造型是近年来非常流行的款式，无论在服装设计还是其他设计领域都多有运用。不对称造型配上娃娃领使得设计更加年轻化，多种个性造型相结合给人带来更高的关注度，更能凸显青年人的个性，在服装搭配方面可以选择阔腿裤、长裙等。

2. 款式图

娃娃领宽松后系扣不对称下摆衬衫的正、背面款式如图5-7所示。

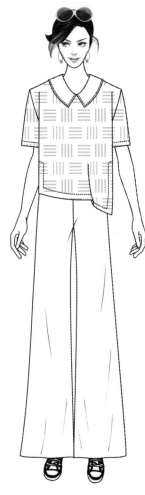

图5-6 娃娃领宽松后系扣不对称
　　　下摆衬衫效果图

3.面料、辅料的选择

（1）面料：娃娃领宽松后系扣不对称下摆衬衫可选择纯棉面料、雪纺面料、条纹面料等制作，如图5-8所示。

（2）辅料：娃娃领宽松后系扣不对称下摆衬衫可选择的辅料有纽扣等，如图5-9所示。

4.服装尺寸

成衣规格为160/68A，依据我国使用的服装常用标准GB/T 1335.2—2008《服装号型 女子》。基准测量部位及参考尺寸，见表5-2。

图5-7 娃娃领宽松后系扣不对称下摆衬衫款式图

纯棉面料　　　　　　　　雪纺面料　　　　　　　　条纹面料

图5-8 娃娃领宽松后系扣不对称下摆衬衫常用面料

纽扣

图5-9 娃娃领宽松后系扣不对称下摆衬衫常用辅料

表 5-2　娃娃领宽松后系扣不对称下摆衬衫参考尺寸　　　单位：cm

部位	衣长	胸围	肩宽	袖长
尺寸	57.5	112	42	22

5. 结构图

娃娃领宽松后系扣不对称下摆衬衫结构制图包括前片、后片、后片下摆和袖子，如图5-10、图5-11所示。

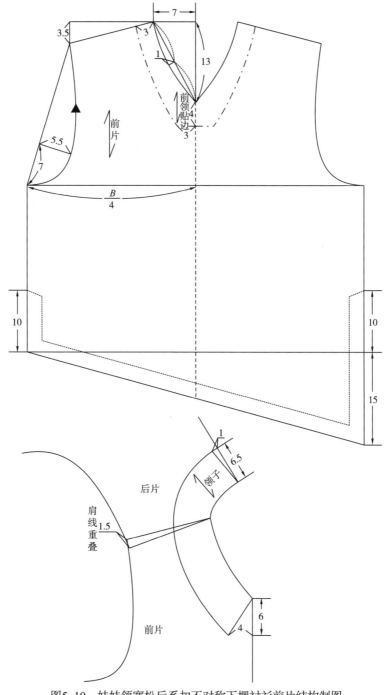

图5-10　娃娃领宽松后系扣不对称下摆衬衫前片结构制图

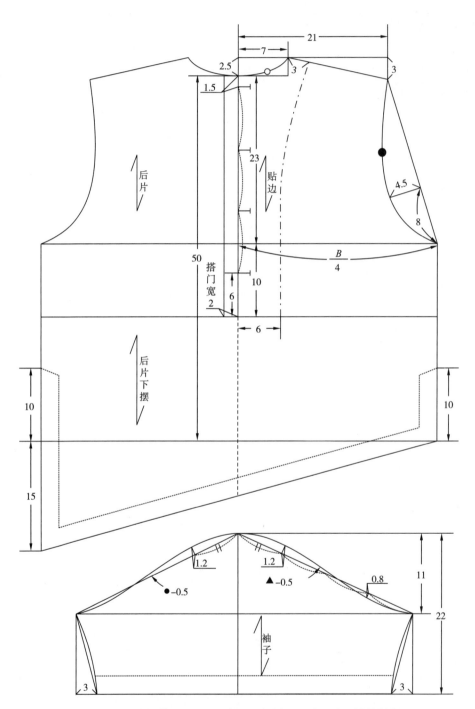

图5-11 娃娃领宽松后系扣不对称下摆衬衫后片和袖子结构制图

三、泡泡袖圆领衬衫

1. 款式说明

泡泡袖圆领衬衫，传统的泡泡袖主要以短短的公主袖为主，如图5-12所示。通过加宽过肩部的设计可以让穿着者的头部看起来小些，从视觉上显瘦，设计偏向可爱与青春的风格，所以穿着的人群多为年轻女孩。泡泡袖的设计使整体造型简单而不单调，在搭配方面可以选择款式简洁的阔腿裤、短裙、淑女风格的下装等。

2. 款式图

泡泡袖圆领衬衫的正、背面款式如图5-13所示。

3. 面料、辅料的选择

（1）面料：泡泡袖圆领衬衫可选择真丝面料、雪纺面料、纯棉泡泡绉面料等制作，如图5-14所示。

（2）辅料：泡泡袖圆领衬衫可选择的辅料有珍珠扣、包扣等，如图5-15所示。

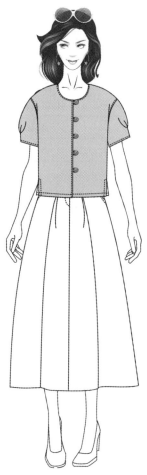

图5-12　泡泡袖圆领
衬衫效果图

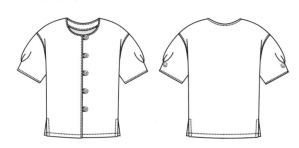

图5-13　泡泡袖圆领衬衫款式图

真丝面料　　　　　　　　雪纺面料　　　　　　　纯棉泡泡绉面料

图5-14　泡泡袖圆领衬衫常用面料

包扣

图5-15　泡泡袖圆领衬衫常用辅料

4.服装尺寸

成衣规格为160/68A，依据我国使用的服装常用标准GB/T 1335.2—2008《服装号型女子》。基准测量部位及参考尺寸，见表5-3。

表5-3　泡泡袖圆领衬衫参考尺寸　　　　　　　　　　　　　　单位：cm

部位	衣长	胸围	肩宽	袖长	下摆围
尺寸	55	116	44	23	112

5.结构图

泡泡袖圆领衬衫结构制图包括前片、后片和袖子，如图5-16所示。

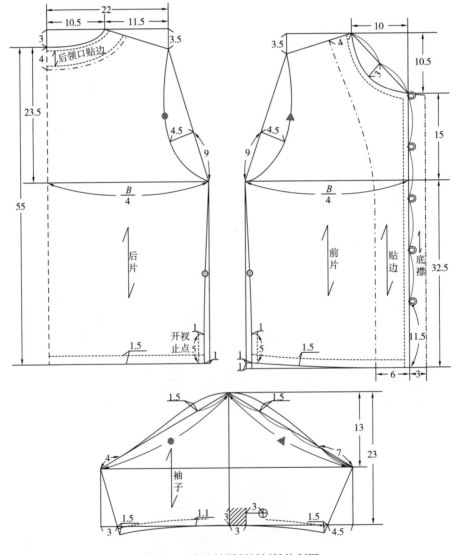

图5-16　泡泡袖圆领衬衫结构制图

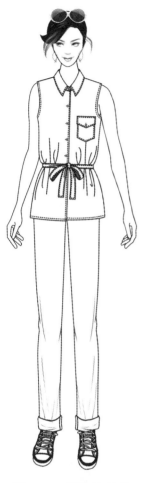

四、无袖腰部抽带衬衫

1. 款式说明

无袖腰部抽带衬衫，基础款衬衫加上腰部的抽带在体现腰身轮廓的同时也增加了一定的装饰性，如图5-17所示。通过利用相同面料系带调节腰身，勾勒出玲珑曲线。设计偏向成熟的风格，在搭配方面可以选择款式简洁的直筒裤、短裤等下装。

2. 款式图

无袖腰部抽带衬衫的正、背面款式如图5-18所示。

3. 面料、辅料的选择

（1）面料：无袖腰部抽带衬衫可选择牛仔面料、纯棉面料、花呢面料等制作，如图5-19所示。

（2）辅料：无袖腰部抽带衬衫可选择的辅料有纽扣等，如图5-20所示。

图5-17　无袖腰部抽带
衬衫效果图

图5-18　无袖腰部抽带衬衫款式图

牛仔面料

纯棉面料

花呢面料

图5-19　无袖腰部抽带衬衫常用面料

纽扣

图5-20　无袖腰部抽带衬衫常用辅料

4. 服装尺寸

成衣规格为160/68A，依据我国使用的服装常用标准GB/T 1335.2—2008《服装号型女子》。基准测量部位及参考尺寸，见表5-4。

表5-4 无袖腰部抽带衬衫参考尺寸

单位：cm

部位	衣长	胸围	肩宽	下摆围
尺寸	64.5	102	35	113

5. 结构图

无袖腰部抽带衬衫结构制图包括前片、后片、领子、腰带和口袋，如图5-21所示。

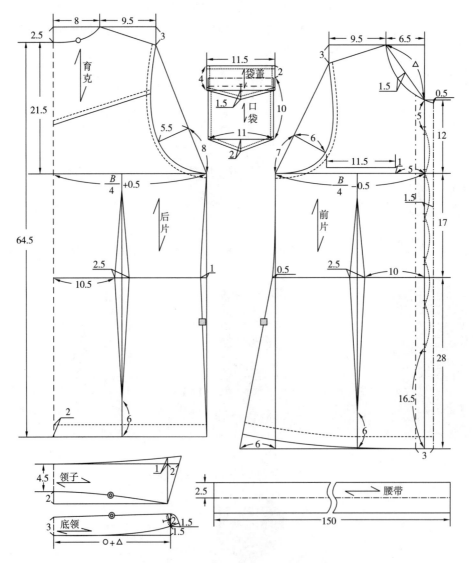

图5-21 无袖腰部抽带衬衫结构制图

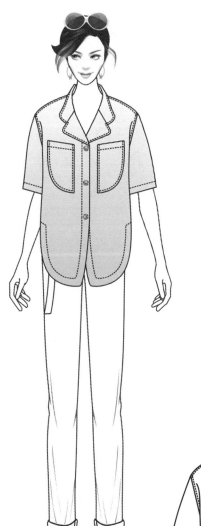

图5-22 度假风宽松
衬衫效果图

五、度假风宽松衬衫

1. 款式说明

度假风宽松衬衫，是在基础款衬衫板型上的一个创新，如图5-22所示。通过对衣袋与下摆的设计，增添整体服装的设计感，使整体造型在轻松随意中又不失时尚干练。这是近几年所流行的款式之一，在搭配方面可以选择款式简洁的直筒裤、短裤等下装。

2. 款式图

度假风宽松衬衫的正、背面款式如图5-23所示。

3. 面料、辅料的选择

（1）面料：度假风宽松衬衫可选择纯棉面料、真丝面料、雪纺面料等制作，如图5-24所示。

（2）辅料：度假风宽松衬衫可选择的辅料有纽扣等，如图5-25所示。

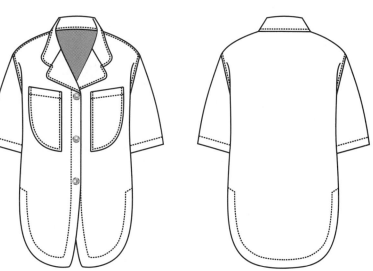

图5-23 度假风宽松衬衫款式图

纯棉面料   真丝面料   雪纺面料

图5-24　度假风宽松衬衫常用面料

纽扣

图5-25　度假风宽松衬衫常用辅料

4. 服装尺寸

成衣规格为160/68A，依据我国使用的服装常用标准GB/T 1335.2—2008《服装号型 女子》。基准测量部位及参考尺寸，见表5-5。

表 5-5　度假风宽松衬衫参考尺寸　　　　　　　　　　　单位：cm

部位	衣长	胸围	肩宽	袖长	袖口围	下摆围
尺寸	75	111	41.5	35	32	111

5. 结构图

度假风宽松衬衫结构制图包括前片、后片和袖子，如图5-26所示。

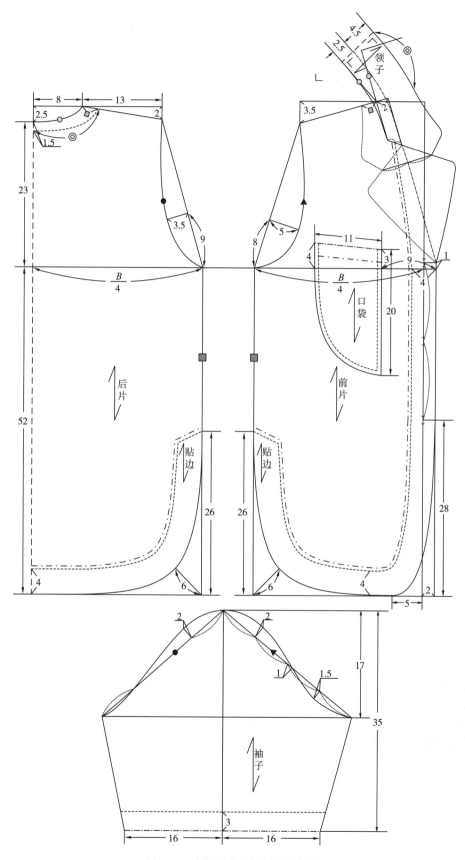

图5-26 度假风宽松衬衫结构制图

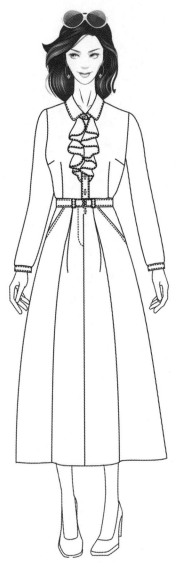

图5-27 法式波浪时装
衬衫效果图

六、法式波浪时装衬衫

1. 款式说明

法式波浪时装衬衫，如图5-27所示。这款衬衫的特点是领口下波浪般的门襟装饰随风飘曳，简洁大方。其设计偏向于淑女浪漫的风格，尤其是波浪般的门襟装饰设计为整件衬衫的点睛之笔，简约却不简单。在搭配方面可以选择长款或者中长款的半身裙或牛仔裤等。

2. 款式图

法式波浪时装衬衫的正、背面款式如图5-28所示。

3. 面料、辅料的选择

（1）面料：法式波浪时装衬衫可选择棉哔叽面料、雪纺面料、亚麻面料等制作，如图5-29所示。

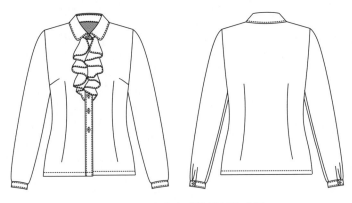

图5-28 法式波浪时装衬衫款式图

棉哔叽面料　　　　　　雪纺面料　　　　　　亚麻面料

图5-29 法式波浪时装衬衫常用面料

（2）辅料：法式波浪时装衬衫可选择的辅料有纽扣等，如图5-30所示。

纽扣

图5-30　法式波浪时装衬衫常用辅料

4.服装尺寸

成衣规格为160/68A，依据我国使用的服装常用标准GB/T 1335.2—2008《服装号型　女子》。基准测量部位及参考尺寸，见表5-6。

表 5-6　法式波浪时装衬衫参考尺寸　　　　　　　　　　单位：cm

部位	衣长	胸围	肩宽	袖长	袖口围	下摆围
尺寸	55	96	39	55	20	96

5.结构图

法式波浪时装衬衫结构制图包括前片、后片、领子和袖子等，如图5-31、图5-32所示。

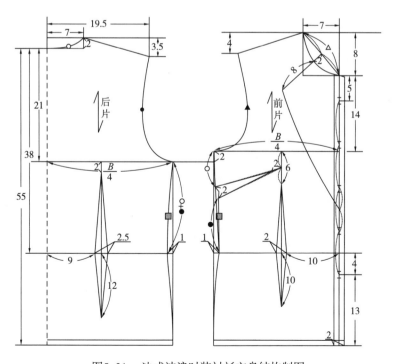

图5-31　法式波浪时装衬衫衣身结构制图

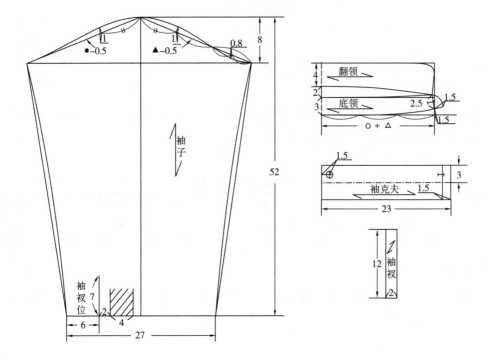

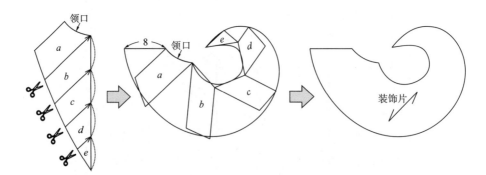

图5-32 法式波浪时装衬衫领子、袖子结构制图

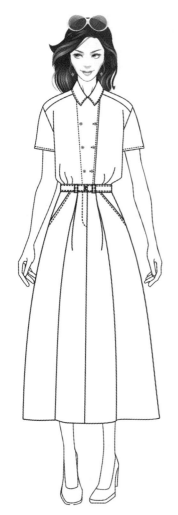

七、中性风双排扣衬衫

1. 款式说明

中性风双排扣衬衫，如图5-33所示。与经典衬衫相比，双排扣设计更加时髦，带有中性风格的变化双排扣衬衫，能够很好凸显女性的优雅气质，利落的翻领加上复古的双排扣设计和浅色调面料可更好地衬托肤色并勾勒出纤细苗条的身姿，穿上显瘦、显腿长，下装可以搭配长裤、长裙等。

2. 款式图

中性风双排扣衬衫的正、背面款式如图5-34所示。

3. 面料、辅料的选择

（1）面料：中性风双排扣衬衫可选择真丝面料、聚酯纤维面料、雪纺面料等制作，如图5-35所示。

（2）辅料：中性风双排扣衬衫可选择的辅料有纽扣等，如图5-36所示。

图5-33　中性风双排扣衬衫效果图

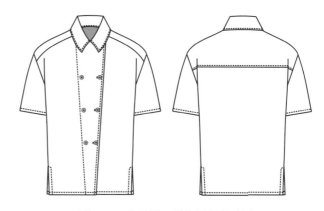

图5-34　中性风双排扣衬衫款式图

真丝面料

聚酯纤维面料

雪纺面料

图5-35　中性风双排扣衬衫常用面料

4.服装尺寸

成衣规格为160/68A，依据我国使用的服装常用标准GB/T 1335.2—2008《服装号型　女子》。基准测量部位及参考尺寸，见表5-7。

纽扣

图5-36　中性风双排扣衬衫常用辅料

表 5-7　中性风双排扣衬衫参考尺寸　　　　　单位：cm

部位	衣长	胸围	肩宽	袖长	下摆围
尺寸	55	112	42	22	112

5.结构图

中性风双排扣衬衫结构制图包括前片、后片、袖子和领子，如图5-37所示。

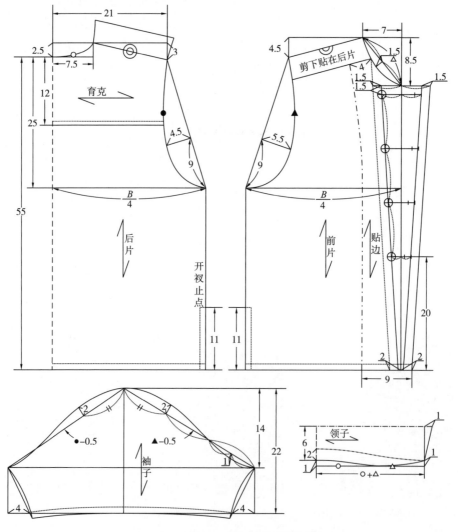

图5-37　中性风双排扣衬衫结构制图

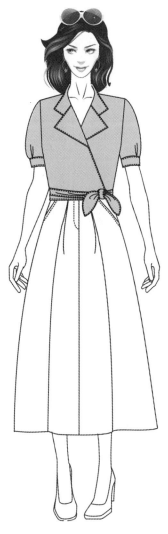

八、古典腰部系带衬衫

1.款式说明

古典腰部系带衬衫，如图5-38所示。通过设计腰部系带来凸显腰身，后腰部省道细节巧妙收紧腰身，增加了服装的装饰性，压褶灯笼袖造型感十足。其设计偏向青春风格，所以穿着人群多为年轻女性，也是近几年流行的短款上衣造型之一，既可日常休闲穿着，也可上班穿着。在搭配方面可以选择阔腿裤、短裙、紧身裙等下装。

2.款式图

古典腰部系带衬衫的正、背面款式如图5-39所示。

3.面料、辅料的选择

（1）面料：古典腰部系带衬衫可选择纯棉面料、天丝棉面料、真丝面料等制作，如图5-40所示。

（2）辅料：古典腰部系带衬衫可选择的辅料有纽扣等，如图5-41所示。

图5-38　古典腰部系带
衬衫效果图

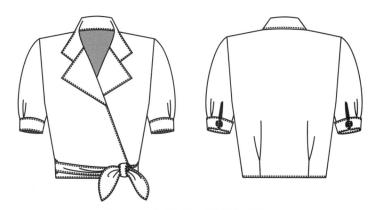

图5-39　古典腰部系带衬衫款式图

纯棉面料　　　　　　天丝棉面料　　　　　　真丝面料

图5-40　古典腰部系带衬衫常用面料

纽扣

图5-41　古典腰部系带
衬衫常用辅料

4. 服装尺寸

成衣规格为160/68A，依据我国使用的服装常用标准GB/T 1335.2—2008《服装号型 女子》。基准测量部位及参考尺寸，见表5-8。

表5-8 古典腰部系带衬衫参考尺寸　　　　　　　　　　　单位：cm

部位	衣长	胸围	肩宽	袖长	袖口围	下摆围
尺寸	50	106	42.5	19.5	29	94

5. 结构图

古典腰部系带衬衫结构制图包括前片、后片、袖子、领子和腰部系带，如图5-42所示。

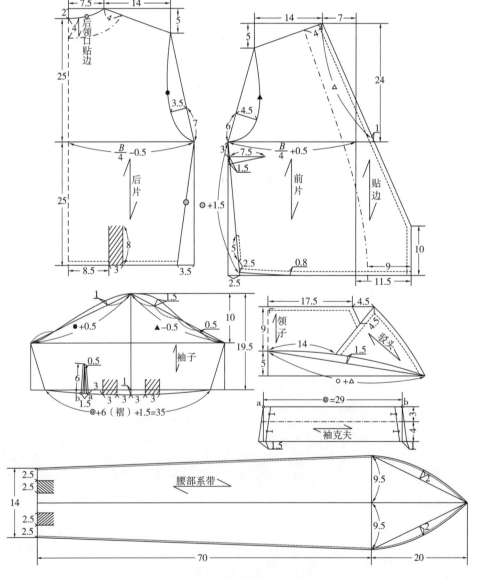

图5-42　古典腰部系带衬衫结构制图

九、宽松流苏时尚衬衫

1.款式说明

宽松流苏时尚衬衫,如图5-43所示。宽松服饰穿着更加舒适,也更贴近生活,赢得了大批的喜爱者,随之各种经典的宽松款衬衫应运而生。其中宽松流苏时尚衬衫更受中青年人群喜爱,在穿着舒适的前提下添加流苏装饰,让人更显年轻,更能吸引目光,下装可以搭配长裤、短裤、短裙等。

2.款式图

宽松流苏时尚衬衫的正、背面款式如图5-44所示。

3.面料、辅料的选择

(1)面料:宽松流苏时尚衬衫可选择涤纶面料、桑蚕丝面料、织物面料等制作,如图5-45所示。

(2)辅料:宽松流苏时尚衬衫可选择的辅料有流苏、纽扣等,如图5-46所示。

图5-43　宽松流苏时尚衬衫效果图

图5-44　宽松流苏时尚衬衫款式图

涤纶面料

桑蚕丝面料

织物面料

图5-45　宽松流苏时尚衬衫常用面料

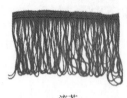
流苏

纽扣

图5-46　宽松流苏时尚衬衫常用辅料

4. 服装尺寸

成衣规格为160/68A，依据我国使用的服装常用标准GB/T 1335.2—2008《服装号型女子》。基准测量部位及参考尺寸，见表5-9。

表 5-9　宽松流苏时尚衬衫参考尺寸　　　　　　　　　　单位：cm

部位	衣长	胸围	肩宽	袖长	袖口围
尺寸	70	112	44	56	23

5. 结构图

宽松流苏时尚衬衫结构制图包括前片、后片、袖子和领子，如图5-47、图5-48所示。

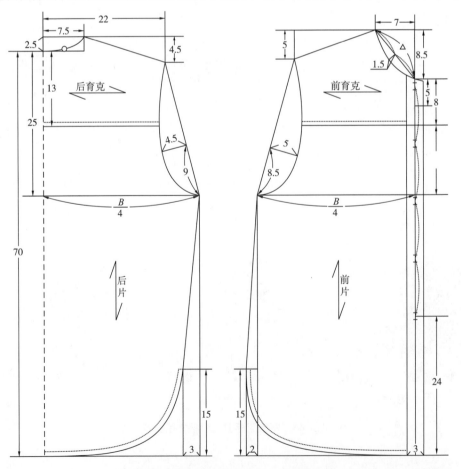

图5-47　宽松流苏时尚衬衫衣身结构制图

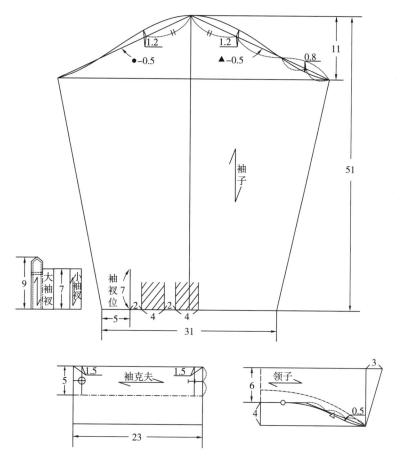

图5-48 宽松流苏时尚衬衫领子、袖子结构制图

十、娃娃领木耳边装饰衬衫

1. 款式说明

娃娃领木耳边装饰衬衫，如图5-49所示。木耳边装饰在设计师作品中常有出现，在近年也较为流行，比起单纯的娃娃领造型更加时尚，能够吸引更多中青年人群的关注。娃娃领搭配木耳边装饰一起出现的设计方式相对于经典的衬衫更加独特，也更能凸显女性魅力。

2. 款式图

娃娃领木耳边装饰衬衫的正、背面款式如图5-50所示。

3. 面料、辅料的选择

（1）面料：娃娃领木耳边装饰衬衫可选择碎花面料、涤纶面料、波点面料等制作，如图5-51所示。

（2）辅料：娃娃领木耳边装饰衬衫可选择的辅料有珍珠纽扣等，如图5-52所示。

图5-49　娃娃领木耳边装饰
衬衫效果图

图5-50　娃娃领木耳边装饰衬衫款式图

碎花面料

涤纶面料

波点面料

图5-51　娃娃领木耳边装饰衬衫常用面料

珍珠纽扣

图5-52　娃娃领木耳边装饰衬衫常用辅料

4.服装尺寸

成衣规格为160/68A，依据我国使用的服装常用标准GB/T 1335.2—2008《服装号型女子》。基准测量部位及参考尺寸，见表5-10。

表5-10 娃娃领木耳边装饰衬衫参考尺寸

单位：cm

部位	衣长	胸围	肩宽	袖长	袖口围	下摆围
尺寸	53	100	39	53	24	89

5.结构图

娃娃领木耳边装饰衬衫结构制图包括前片、后片、袖子和领子等，如图5-53、图5-54所示。

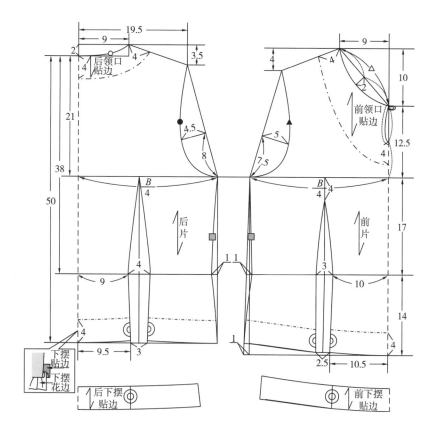

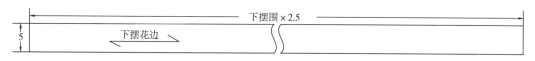

图5-53 娃娃领木耳边装饰衬衫衣身结构制图

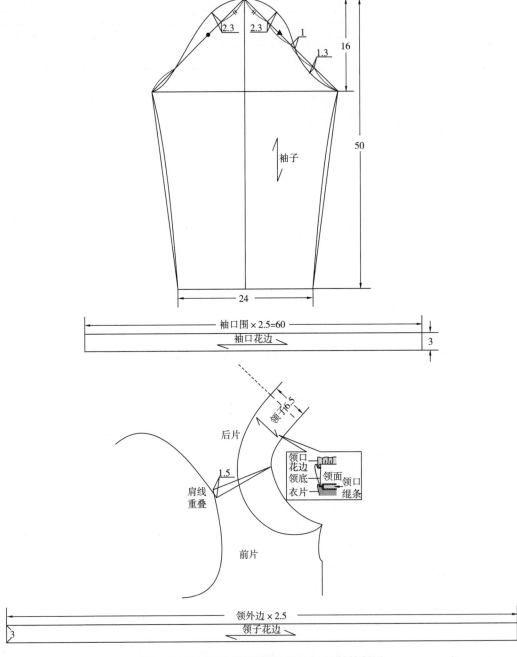

图5-54 娃娃领木耳边装饰衬衫领、袖结构制图

第二节 连衣裙流行款式

一、田园风接腰碎褶连衣裙

1. 款式说明

田园风接腰碎褶连衣裙，如图5-55所示。领口为翻领设计，使颈部具有修长的视觉感，此款连衣裙给人以轻松、随和、舒适、自由的感觉，腰部采用系带打蝴蝶结进行收腰设计，整体设计偏向青春风格，所以穿着人群多为年轻女性，配饰搭配可以选择方头高跟鞋、运动鞋等。

2. 款式图

田园风接腰碎褶连衣裙的正、背面款式如图5-56所示。

3. 面料、辅料的选择

（1）面料：田园风接腰碎褶连衣裙可选择纯棉面料、棉麻面料、雪纺面料等制作，如图5-57所示。

图5-56 田园风接腰碎褶连衣裙款式图

图5-55 田园风接腰碎褶
连衣裙效果图

纯棉面料

棉麻面料

雪纺面料

图5-57 田园风接腰碎褶连衣裙常用面料

（2）辅料：田园风接腰碎褶连衣裙可选择的辅料有纽扣等，如图5-58所示。

纽扣

图5-58　田园风接腰碎褶连衣裙常用辅料

4. 服装尺寸

成衣规格为160/68A，依据我国使用的服装常用标准GB/T 1335.2—2008《服装号型　女子》。基准测量部位及参考尺寸，见表5-11。

表5-11　田园风接腰碎褶连衣裙参考尺寸　　　　　　　　　单位：cm

部位	衣长	胸围	肩宽	下摆围	袖长
尺寸	110	110	42	128	21

5. 结构图

田园风接腰碎褶连衣裙结构制图包括前片、前裙片、后片、后裙片、领子和袖子，如图5-59所示。

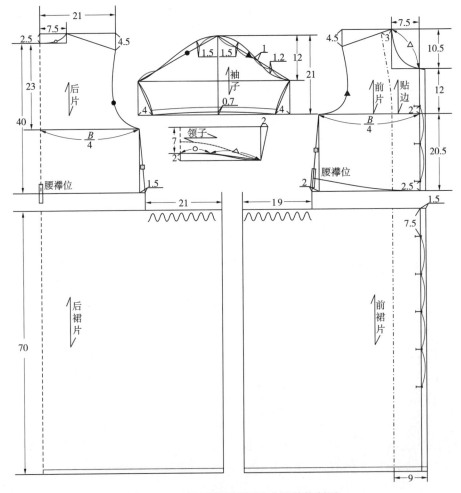

图5-59　田园风接腰碎褶连衣裙结构制图

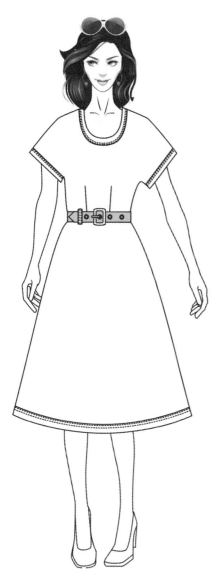

图5-60　简约风后开合接腰
连衣裙效果图

二、简约风后开合接腰连衣裙

1. 款式说明

简约风后开合接腰连衣裙，如图5-60所示。这是近年来非常流行的款式，简洁大方，给人以优雅气质之感，领口、袖口与裙子的下摆都做了明线设计，使服装更具个性，腰带的点缀凸显女性的曲线美。圆领设计使得整体更加年轻化，凸显年轻人的个性。在配饰搭配方面可以选择大衣、高跟鞋、帆布鞋等。

2. 款式图

简约风后开合接腰连衣裙的正、背面款式如图5-61所示。

3. 面料、辅料的选择

（1）面料：简约风后开合接腰连衣裙可选择纯棉面料、棉麻面料、牛仔面料等制作，如图5-62所示。

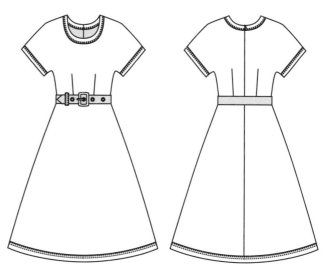

图5-61　简约风后开合接腰连衣裙款式图

（2）辅料：简约风后开合接腰连衣裙可选择的辅料有腰带、隐形拉链等，如图5-63所示。

纯棉面料　　　　　　　　　　棉麻面料　　　　　　　　　　牛仔面料

图5-62　简约风后开合接腰连衣裙常用面料

腰带　　　　　　　　　　隐形拉链

图5-63　简约风后开合接腰连衣裙常用辅料

4. 服装尺寸

成衣规格为160/68A，依据我国使用的服装常用标准GB/T 1335.2—2008《服装号型女子》。基准测量部位及参考尺寸，见表5-12。

表5-12　简约风后开合接腰连衣裙参考尺寸　　　　　　　　单位：cm

部位	衣长	胸围	腰围	下摆围
尺寸	110	96	78	246

5.结构图

简约风后开合接腰连衣裙结构制图包括前片、后片、腰带，如图5-64、图5-65所示。

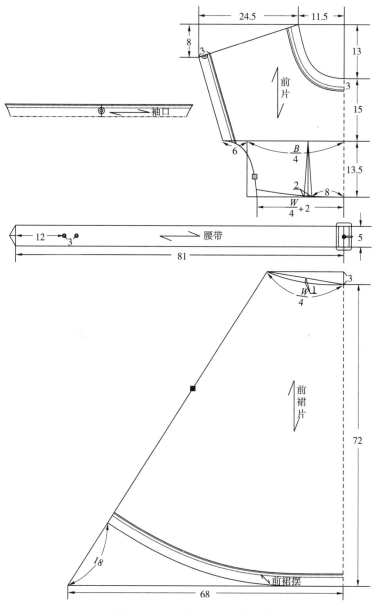

图5-64　简约风后开合接腰连衣裙前片结构制图

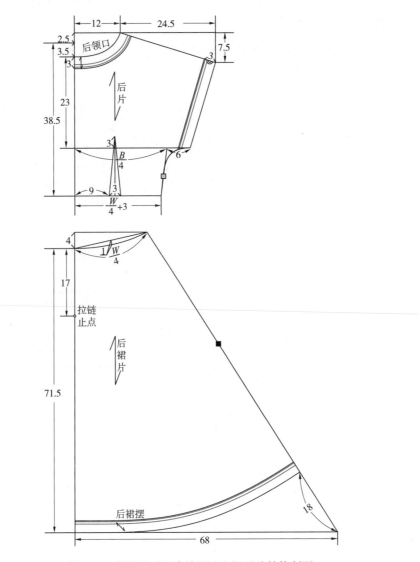

图5-65　简约风后开合接腰连衣裙后片结构制图

三、宫廷风披肩斗篷合体连衣裙

1. 款式说明

宫廷风披肩斗篷合体连衣裙，如图5-66所示。此款式前身为八粒扣，腰部做了收腰设计，能完美体现出人体的曲线美。其设计亮点在于披肩斗篷，为服装增加了装饰性，设计偏向淑女甜美风格，给人以青春靓丽的感觉。在搭配方面可以选择大衣、高跟鞋等。

2. 款式图

宫廷风披肩斗篷合体连衣裙的正、背面款式如图5-67所示。

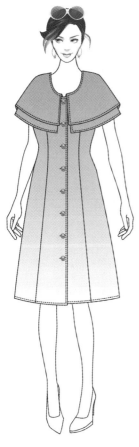

图5-66　宫廷风披肩斗篷
合体连衣裙效果图

3.面料、辅料的选择

（1）面料：宫廷风披肩斗篷合体连衣裙可选择纯棉面料、蕾丝面料、泡泡纱面料等制作，如图5-68所示。

（2）辅料：宫廷风披肩斗篷合体连衣裙可选择的辅料有珍珠纽扣等，如图5-69所示。

4.服装尺寸

成衣规格为160/68A，依据我国使用的服装常用标准GB/T 1335.2—2008《服装号型　女子》。基准测量部位及参考尺寸，见表5-13。

图5-67　宫廷风披肩斗篷合体连衣裙款式图

纯棉面料

蕾丝面料

泡泡纱面料

图5-68　宫廷风披肩斗篷合体连衣裙常用面料

珍珠纽扣

图5-69　宫廷风披肩斗篷合体连衣裙常用辅料

表 5-13　宫廷风披肩斗篷合体连衣裙参考尺寸　　　　　　单位：cm

部位	衣长	胸围	肩宽	臀围	下摆围
尺寸	100	98	35	104	192

5.结构图

宫廷风披肩斗篷合体连衣裙结构制图包括前后裙片、斗篷，如图5-70所示。

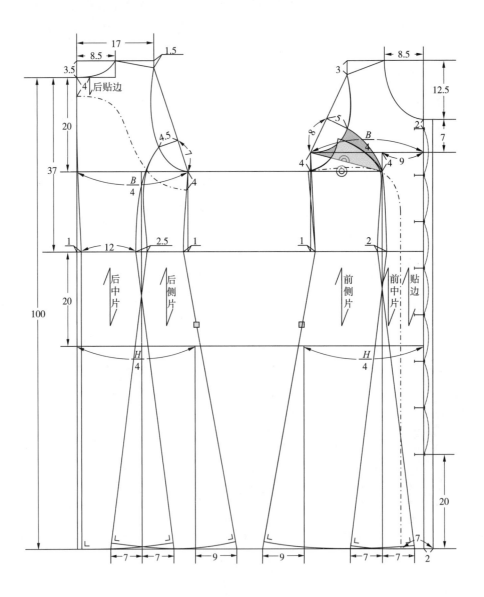

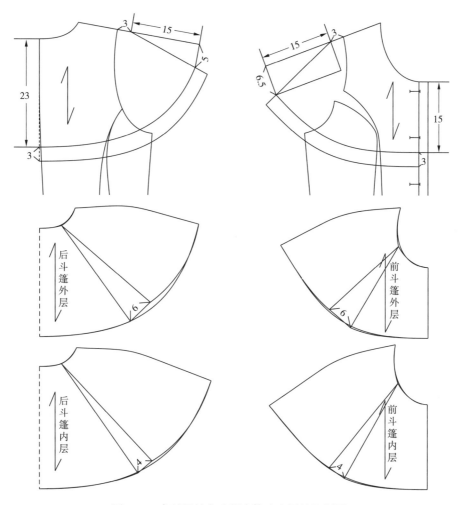

图5-70　宫廷风披肩斗篷合体连衣裙结构制图

四、插肩袖连衣裙

1. 款式说明

公主风插肩袖连衣裙，如图5-71所示。此款式设计的亮点为插肩荷叶袖，正面为八粒扣，设计偏向可爱与青春的风格，所以穿着的人群多为年轻女孩。插肩袖的设计使整体造型简单而不单调，在搭配方面可以选择大衣、运动鞋、帆布鞋、高跟鞋等。

2. 款式图

插肩袖连衣裙的正、背面款式如图5-72所示。

3. 面料、辅料的选择

（1）面料：插肩袖连衣裙可选择纯棉面料、蕾丝面料、雪纺面料等制作，如图5-73所示。

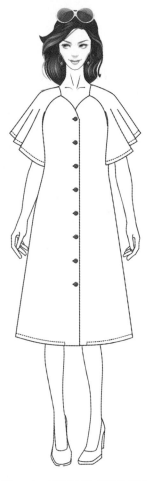

（2）辅料：插肩袖连衣裙可选择的辅料有纽扣等，如图5-74所示。

4.服装尺寸

成衣规格为160/68A，依据我国使用的服装常用标准GB/T 1335.2—2008《服装号型 女子》。基准测量部位及参考尺寸，见表5-14。

图5-72 插肩袖连衣裙款式图

图5-71 插肩袖连衣裙效果图

纯棉面料

蕾丝面料

雪纺面料

图5-73 插肩袖连衣裙常用面料

纽扣

图5-74 插肩袖连衣裙常用辅料

表 5-14　插肩袖连衣裙参考尺寸　　　　　　　　　　　　单位：cm

部位	衣长	胸围	肩宽	袖长	袖口围	下摆围
尺寸	110	100	38	30	93	182

5.结构图

插肩袖连衣裙结构制图包括前片、后片和袖子，如图5-75所示。

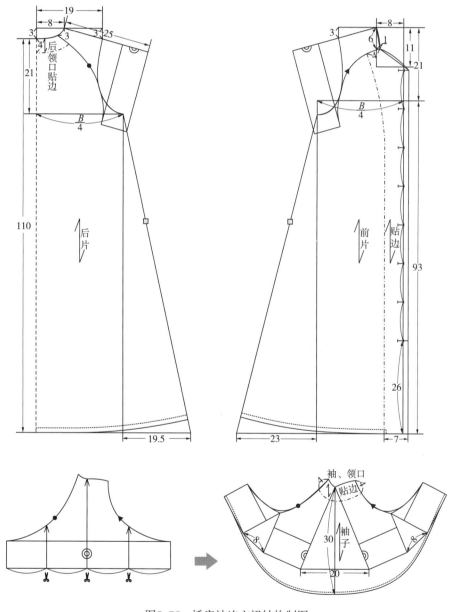

图5-75　插肩袖连衣裙结构制图

五、多层领收腰短袖连衣裙

1. 款式说明

多层领收腰短袖连衣裙，是在基础款连衣裙上的一个创新，如图5-76所示。领子的多层设计为此款式的亮点，可采用薄纱制成多层成品领，腰部的收腰设计显示出人体的曲线美，袖口的收紧设计使袖子呈现出蓬松的感觉，服装整体时尚简约。在配饰搭配方面可以选择大衣、平底鞋、高跟鞋等。

2. 款式图

多层领收腰短袖连衣裙的正、背面款式如图5-77所示。

图5-76 多层领收腰短袖连衣裙效果图

图5-77 多层领收腰短袖连衣裙款式图

3. 面料、辅料的选择

（1）面料：多层领收腰短袖连衣裙可选择棉麻面料、雪纺面料、针织面料等制作，如图5-78所示。

棉麻面料　　　　　　　　　　雪纺面料　　　　　　　　　　针织面料

图5-78 多层领收腰短袖连衣裙常用面料

（2）辅料：多层领收腰短袖连衣裙可选择的辅料有珍珠纽扣等，如图5-79所示。

珍珠纽扣

图5-79　多层领收腰短袖连衣裙常用辅料

4.服装尺寸

成衣规格为160/68A，依据我国使用的服装常用标准GB/T 1335.2—2008《服装号型女子》。基准测量部位及参考尺寸，见表5-15。

表 5-15　多层领收腰短袖连衣裙参考尺寸

单位：cm

部位	衣长	胸围	肩宽	袖长	袖口围	下摆围
尺寸	90	106	38	28	26	106

5.结构图

多层领收腰短袖连衣裙结构制图包括前片、后片、袖子和领子，如图5-80所示。

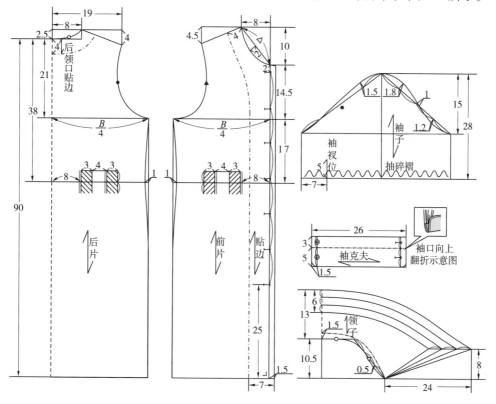

图5-80　多层领收腰短袖连衣裙结构制图

六、双肩带连衣裙

1. 款式说明

双肩带连衣裙，如图5-81所示。通过收腰设计使整体达到修身的效果，简单的肩带完美地衬托出人的锁骨和肩线。其设计偏向可爱与青春的风格，所以穿着人群多为年轻女子。连衣裙没有过多修饰，既打造了清爽的视觉感，又给人以干净利落的感觉。在配饰搭配上可以选择大衣、开衫、高跟鞋等。

2. 款式图

双肩带连衣裙的正、背面款式如图5-82所示。

3. 面料、辅料的选择

（1）面料：双肩带连衣裙可选择碎花纯棉面料、针织面料、丝绒面料等制作，如图5-83所示。

（2）辅料：双肩带连衣裙可选择的辅料有隐形拉链等，如图5-84所示。

图5-81 双肩带连衣裙
效果图

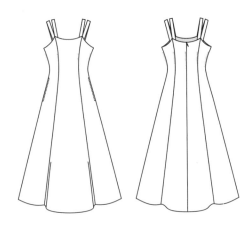

图5-82 双肩带连衣裙款式图

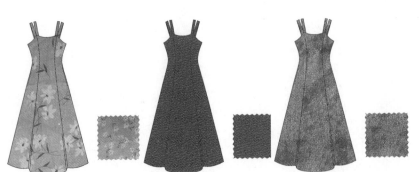

碎花纯棉面料　　　　针织面料　　　　丝绒面料　　　　隐形拉链

图5-83 双肩带连衣裙常用面料　　　图5-84 双肩带连衣裙常用辅料

4.服装尺寸

成衣规格为160/68A，依据我国使用的服装常用标准GB/T 1335.2—2008《服装号型女子》。基准测量部位及参考尺寸，见表5-16。

表 5-16　双肩带连衣裙参考尺寸　　　　　　　　　　　　单位：cm

部位	衣长	胸围	腰围	肩带长	下摆围
尺寸	120	96	83	104	250

5.结构图

双肩带连衣裙结构制图包括前片、后片和肩带，如图5-85所示。

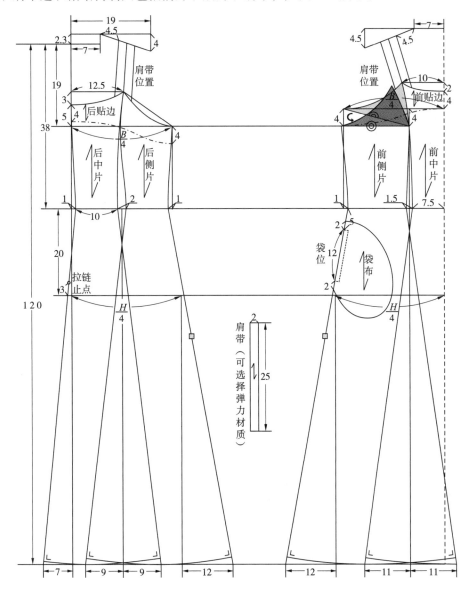

图5-85　双肩带连衣裙结构制图

图5-86　简约双明线
连衣裙效果图

七、简约双明线连衣裙

1.款式说明

简约双明线连衣裙，如图5-86所示。圆领设计使整件裙装简单大方，简洁板型的运用给人以舒适、年轻的感觉，简约的同时搭配袖子明线设计为服装增加了看点，设计整体偏向青春靓丽的风格，所以穿着人群多为年轻女性。在配饰搭配上可以选择大衣、高跟鞋、平底鞋等。

2.款式图

简约双明线连衣裙的正、背面款式如图5-87所示。

3.面料、辅料的选择

（1）面料：简约双明线连衣裙可选择蕾丝面料、棉麻面料、纯棉面料等制作，如图5-88所示。

图5-87　简约双明线连衣裙款式图

蕾丝面料

棉麻面料

纯棉面料

图5-88　简约双明线连衣裙常用面料

（2）辅料：简约双明线连衣裙可选择的辅料有隐形拉链、纽扣等，如图5-89所示。

隐形拉链　　　　　纽扣

图5-89　简约双明线连衣裙常用辅料

4.服装尺寸

成衣规格为160/68A，依据我国使用的服装常用标准GB/T 1335.2—2008《服装号型　女子》。基准测量部位及参考尺寸，见表5-17。

表 5-17　简约双明线连衣裙参考尺寸　　　　　　　单位：cm

部位	衣长	胸围	肩宽	袖长	袖口围	下摆围
尺寸	108	106~110	41	20	37.5	103

5.结构图

简约双明线连衣裙结构制图包括前片、后片和袖子，如图5-90所示。

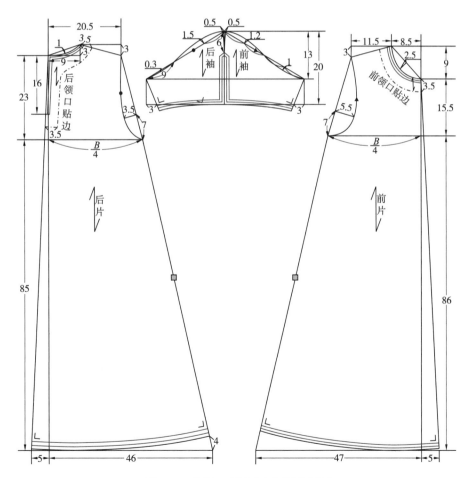

图5-90　简约双明线连衣裙结构制图

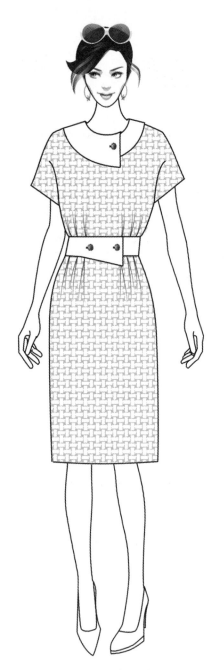

图5-91 收腰连袖连衣裙效果图

八、收腰连袖连衣裙

1. 款式说明

收腰连袖连衣裙，如图5-91所示。此款式正面领口有一粒扣的设计，腰部为两粒扣，后中为拉链设计。这款连衣裙的特点为领子与腰部的撞色设计，使整体看起来时尚优雅。收腰设计更能显示出女人的完美曲线，适合上班族穿着。在配饰搭配上可以选择大衣、风衣、高跟鞋等。

2. 款式图

收腰连袖连衣裙的正、背面款式如图5-92所示。

3. 面料、辅料的选择

（1）面料：收腰连袖连衣裙可选择牛仔面料、棉麻面料、针织面料等制作，如图5-93所示。

（2）辅料：收腰连袖连衣裙可选择的辅料有纽扣、隐形拉链等，如图5-94所示。

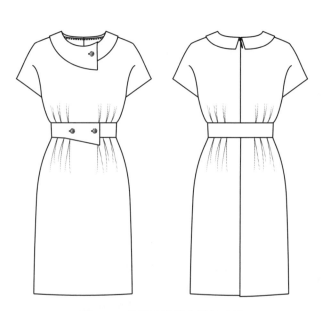

图5-92 收腰连袖连衣裙款式图

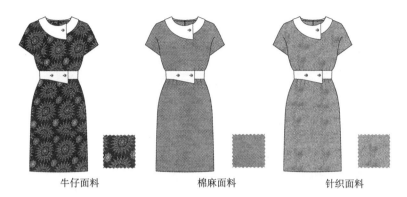

牛仔面料　　　　　　棉麻面料　　　　　　针织面料

图5-93　收腰连袖连衣裙常用面料

珍珠纽扣　　　　　　　　　　拉链

图5-94　收腰连袖连衣裙常用辅料

4.服装尺寸

成衣规格为160/68A，依据我国使用的服装常用标准GB/T 1335.2—2008《服装号型女子》。基准测量部位及参考尺寸，见表5-18。

表 5-18　收腰连袖连衣裙参考尺寸　　　　　　　　　　单位：cm

部位	衣长	胸围	腰围	肩宽	臀围	袖长	下摆围
尺寸	100	100	72	50	108	10.5	96

5. 结构图

收腰连袖连衣裙结构制图包括前片、后片、腰带和领子，如图5-95所示。

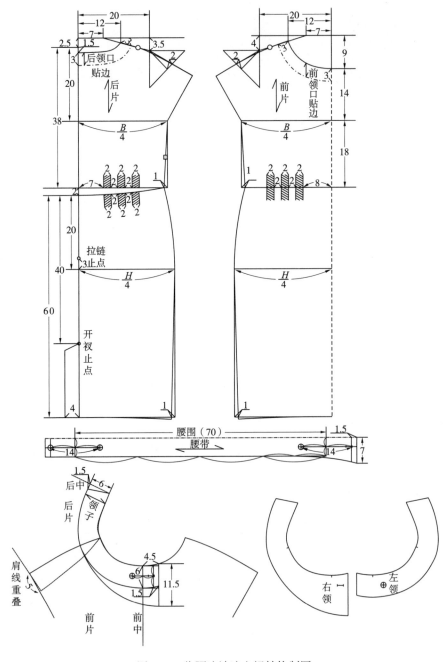

图5-95 收腰连袖连衣裙结构制图

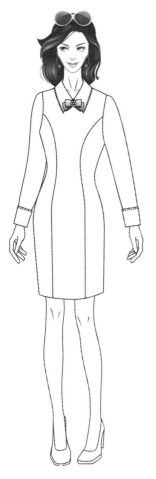

图5-96 翻领连衣裙效果图

九、翻领连衣裙

1. 款式说明

翻领连衣裙，如图5-96所示。此款式袖口做了翻袖设计，后中为隐形拉链设计，裙身为包身设计，能完美显示出穿着者的身材，很好地修饰体形。领子上的蝴蝶结装饰，能很好显现脸部的气质，适合年轻女士穿着。在配饰搭配上可以选择高跟鞋、平底鞋等。

2. 款式图

翻领连衣裙的正、背面款式如图5-97所示。

图5-97 翻领连衣裙款式图

3. 面料、辅料的选择

（1）面料：翻领连衣裙可选择针织面料、涤纶面料、粗纺呢面料等制作，如图5-98所示。

（2）辅料：翻领连衣裙可选择的辅料有隐形拉链、纽扣、蝴蝶结装饰等，如图5-99所示。

针织面料

涤纶面料

粗纺呢面料

图5-98 翻领连衣裙常用面料

隐形拉链　　　　　　　　纽扣　　　　　　蝴蝶结装饰

图5-99　翻领连衣裙常用辅料

4. 服装尺寸

成衣规格为160/68A，依据我国使用的服装常用标准GB/T 1335.2—2008《服装号型女子》。基准测量部位及参考尺寸，见表5-19。

表 5-19　翻领连衣裙参考尺寸　　　　　　　　　　单位：cm

部位	衣长	胸围	腰围	肩宽	臀围	袖长	袖口围	下摆围
尺寸	95	98	82	38	106	56	22	94

5. 结构图

翻领连衣裙结构制图包括前后衣片、袖子和领子，如图5-100所示。

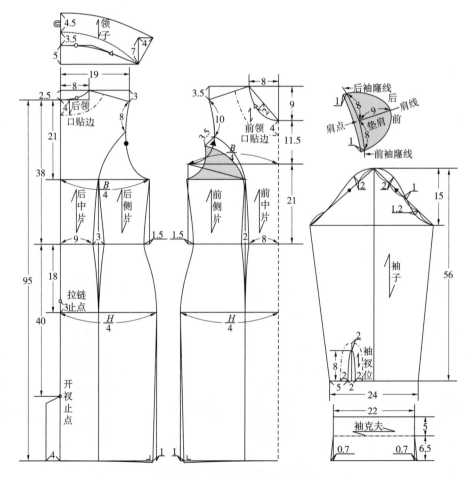

图5-100　翻领连衣裙结构制图

图5-101　复古风翻领接腰
连衣裙效果图

十、复古风翻领接腰连衣裙

1. 款式说明

复古风翻领接腰连衣裙，如图5-101所示。这款连衣裙的特点是衣服的领子较为简洁大方，设计偏向于淑女浪漫风格。领口设计为整件连衣裙的点睛之笔，简约却不简单。腰带的收腰设计，更能体现女性的曲线美。在配饰搭配方面可以选择简洁的运动鞋或者高跟鞋等。

2. 款式图

复古风翻领接腰连衣裙的正、背面款式如图5-102所示。

图5-102　复古风翻领接腰连衣裙款式图

3. 面料、辅料的选择

（1）面料：复古风翻领接腰连衣裙可选择蕾丝面料、提花面料、雪纺面料等制作，如图5-103所示。

（2）辅料：复古风翻领接腰连衣裙可选择的辅料有腰带、纽扣等，如图5-104所示。

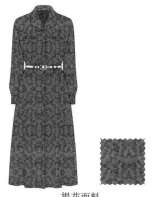

蕾丝面料　　　　　　　　　提花面料　　　　　　　　　雪纺面料

图5-103　复古风翻领接腰连衣裙常用面料

4. 服装尺寸

成衣规格为160/68A，依据我国使用的服装常用标准GB/T 1335.2—2008《服装号型　女子》。基准测量部位及参考尺寸，见表5-20。

腰带

纽扣

图5-104　复古风翻领接腰连衣裙常用辅料

表 5-20　复古风翻领接腰连衣裙参考尺寸　　　　单位：cm

部位	衣长	胸围	肩宽	袖长	袖口围	下摆围
尺寸	130	104	46	55	22	188

5. 结构图

复古风翻领接腰连衣裙结构制图包括前片、前裙片、后片、后裙片、领子和袖子，如图5-105、图5-106所示。

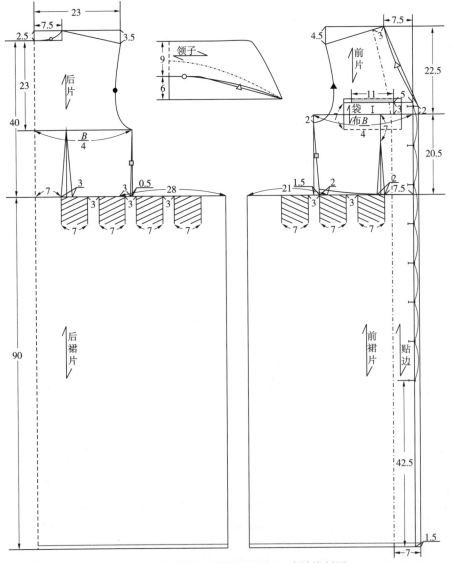

图5-105　复古风翻领接腰连衣裙衣身结构制图

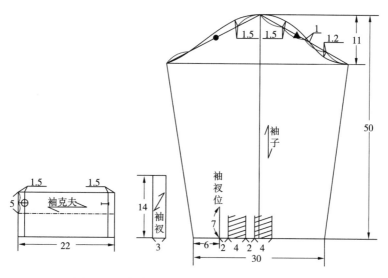

图5-106　复古风翻领接腰连衣裙袖子结构制图

第三节　卫衣流行款式

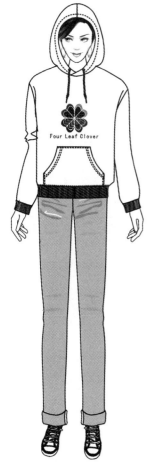

一、休闲卫衣

1.款式说明

休闲卫衣，如图5-107所示。连帽衣身，前身有明贴袋，袖口与下摆均有罗纹，此款式简洁大方，为春、秋、冬季节服装搭配的首选。设计偏向青春风格，所以穿着人群多以年轻女性为主。在服装搭配上可以选择牛仔裤、休闲裤、运动鞋等。

2.款式图

休闲卫衣的正、背面款式如图5-108所示。

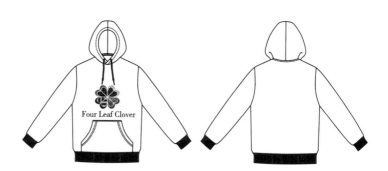

图5-107　休闲卫衣效果图

图5-108　休闲卫衣款式图

3.面料、辅料的选择

（1）面料：休闲卫衣可选择棉涤面料、牛仔面料、纯棉面料等制作，如图5-109所示。

（2）辅料：休闲卫衣可选择的辅料有罗纹、帽绳等，如图5-110所示。

棉涤面料　　　　　　　　牛仔面料　　　　　　　　纯棉面料

图5-109　休闲卫衣常用面料

罗纹　　　　　　　　帽绳

图5-110　休闲卫衣常用辅料

4.服装尺寸

成衣规格为160/68A，依据我国使用的服装常用标准GB/T 1335.2—2008《服装号型女子》。基准测量部位及参考尺寸，见表5-21。

表5-21　休闲卫衣参考尺寸　　　　　　　　　　单位：cm

部位	衣长	胸围	肩宽	袖长	袖口围	下摆围
尺寸	65	104	46	55	23	84

5.结构图

休闲卫衣结构制图包括前片、后片、袖子和帽子等，如图5-111、图5-112所示。

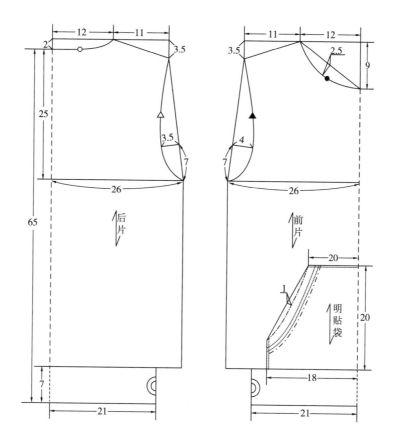

图5-111　休闲卫衣衣身结构制图

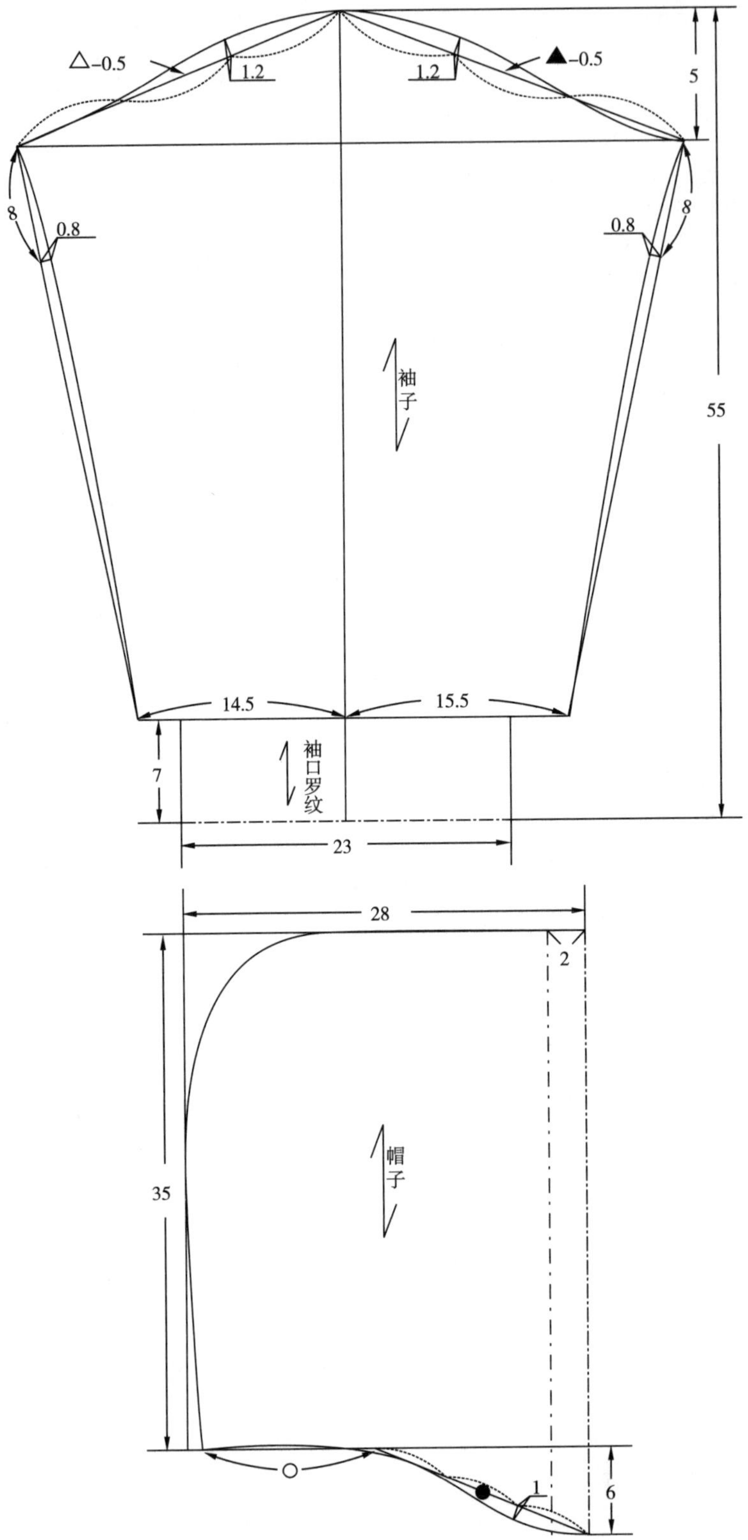

△-0.5   1.2   1.2   ▲-0.5

5

8   0.8   0.8   8

袖子

55

14.5   15.5

7   袖口罗纹

23

28

2

帽子

35

1

6

图5-112　休闲卫衣袖子和帽子结构制图

图5-113 时尚卫衣效果图

二、时尚卫衣

1. 款式说明

插肩袖分割线时尚卫衣，如图5-113所示。此款卫衣为连帽、插肩袖设计，袖口与下摆有罗纹。整体设计简洁大方，偏向青春风格，穿着人群多以年轻女性为主。在搭配方面可以选择牛仔裤、休闲裤、运动鞋等。

2. 款式图

时尚卫衣的正、背面款式如图5-114所示。

3. 面料、辅料的选择

（1）面料：时尚卫衣可选择纯棉面料、羊绒面料、牛仔面料等制作，如图5-115所示。

（2）辅料：时尚卫衣可选择的辅料有罗纹、帽绳等，如图5-116所示。

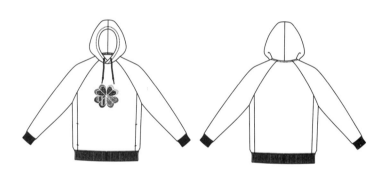

图5-114 时尚卫衣款式图

纯棉面料　　　　　　羊绒面料　　　　　　牛仔面料

图5-115 时尚卫衣常用面料

罗纹　　　　　　　　帽绳

图5-116 时尚卫衣常用辅料

4.服装尺寸

成衣规格为160/68A，依据我国使用的服装常用标准GB/T 1335.2—2008《服装号型女子》。基准测量部位及参考尺寸，见表5-22。

表5-22　时尚卫衣参考尺寸　　　　　单位：cm

部位	衣长	胸围	袖长	袖口围	下摆围
尺寸	55	100	65	24	80

5.结构图

时尚卫衣结构制图包括前片、后片、袖子和帽子，如图5-117~图5-119所示。

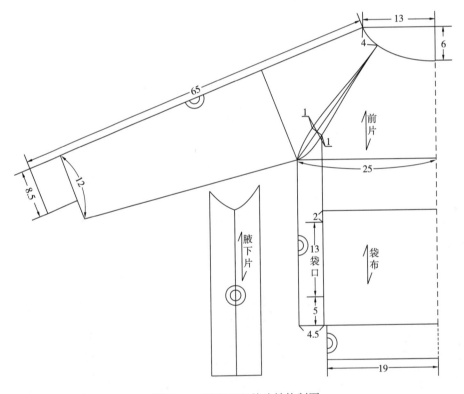

图5-117　时尚卫衣前片结构制图

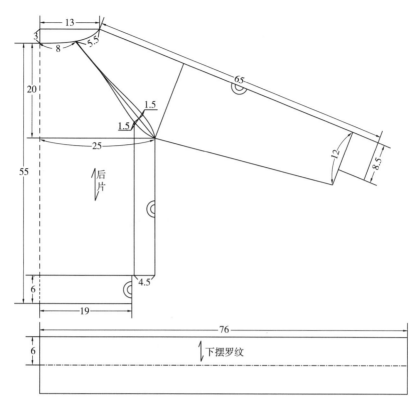

图5-118　时尚卫衣后片结构制图

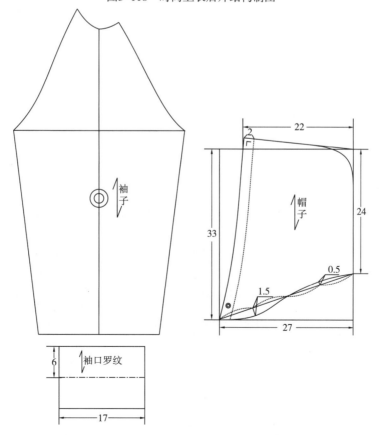

图5-119　时尚卫衣袖子和帽子结构制图

第四节　马甲流行款式

图5-120　短款系带西装
马甲效果图

一、短款系带西装马甲

1. 款式说明

短款系带西装马甲，也叫无袖背心，如图5-120所示。此款式前身有四粒扣，后身的腰带设计起到收腰的效果，增强了整体的修身性，多用于工作中的制服。在搭配方面可以选择款式简洁的西装、西裤、淑女风格的下装等。

2. 款式图

短款系带西装马甲的正、背面款式如图5-121所示。

3. 面料、辅料的选择

（1）面料：短款系带西装马甲可选择羊毛精纺面料、毛呢面料、羊毛粗纺面料等制作，如图5-122所示。

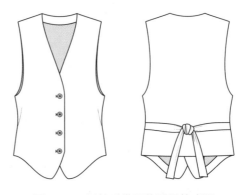

图5-121　短款系带西装马甲款式图

羊毛精纺面料

毛呢面料

羊毛粗纺面料

图5-122　短款系带西装马甲常用面料

（2）辅料：短款系带西装马甲可选择的辅料有纽
扣等，如图5-123所示。

图5-123 短款系带西装马甲常用辅料

4.服装尺寸

成衣规格为160/68A，依据我国使用的服装常用
标准GB/T 1335.2—2008《服装号型 女子》。基准测量
部位及参考尺寸，见表5-23。

表 5-23 短款系带西装马甲参考尺寸 单位：cm

名称	衣长	胸围	肩宽	下摆围
尺寸	50	100	36	100

5.结构图

短款系带西装马甲结构制图包括前片、后片、后腰带，如图5-124所示。

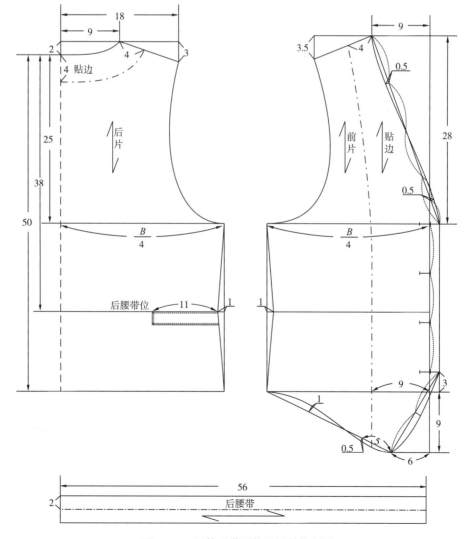

图5-124 短款系带西装马甲结构制图

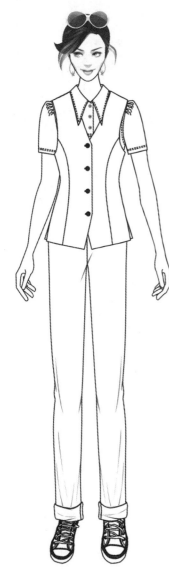

二、休闲通勤马甲

1. 款式说明

休闲通勤马甲，如图5-125所示。此款式将身体从胸围到臀围裹住，省道和分割线结合运用，腰部做收腰处理，下摆较贴合臀部，能很好地修饰体型，适合体型较瘦的人群。设计风格偏成熟，所以穿着的人群多为职业女性。在搭配方面可以选择款式简洁的西裤、西装裙、干练成熟的下装等。

2. 款式图

休闲通勤马甲的正、背面款式如图5-126所示。

3. 面料、辅料的选择

（1）面料：休闲通勤马甲可选纯棉面料、涤纶面料、粗纺呢面料等制作，如图5-127所示。

（2）辅料：休闲通勤马甲可选择的辅料有纽扣等，如图5-128所示。

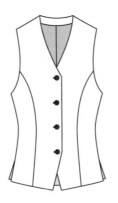
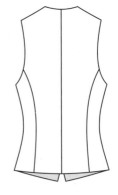

图5-125　休闲通勤马甲效果图　　　　图5-126　休闲通勤马甲款式图

纯棉面料　　　　　涤纶面料　　　　　粗纺呢面料　　　　　纽扣

图5-127　休闲通勤马甲常用面料　　　图5-128　休闲通勤马甲常用辅料

4. 服装尺寸

成衣规格为160/68A，依据我国使用的服装常用标准GB/T 1335.2—2008《服装号型女子》。基准测量部位及参考尺寸，见表5-24。

表 5-24　休闲通勤马甲参考尺寸　　　　　　　　　单位：cm

部位	衣长	胸围	肩宽	下摆围
尺寸	65	100	32	101

5. 结构图

休闲通勤马甲结构制图包括前片、后片，如图5-129所示。

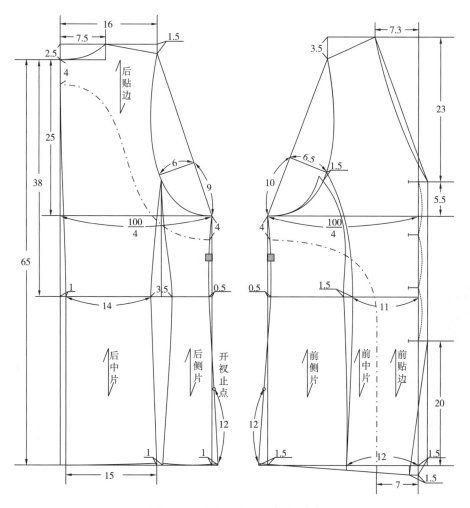

图5-129　休闲通勤马甲结构制图

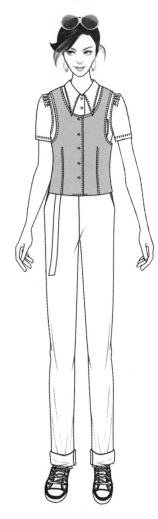

三、短款百搭马甲

1. 款式说明

短款百搭马甲，如图5-130所示。在基础款马甲背部加腰带装饰调节腰身廓型，腰部的省道则巧妙起到了收腰的作用，设计偏向成熟风格，所以穿着的人群多为成熟女性。在搭配上可以选择款式简洁的西装外套、工装裤、直筒裤、短裤等。

2. 款式图

短款百搭马甲的正、背面款式如图5-131所示。

3. 面料、辅料的选择

（1）面料：短款百搭马甲可选择牛仔面料、毛呢面料、混纺面料等制作，如图5-132所示。

（2）辅料：短款百搭马甲可选择的辅料有纽扣、腰带扣等，如图5-133所示。

图5-130　短款百搭马甲效果图

图5-131　短款百搭马甲款式图

牛仔面料

毛呢面料

混纺面料

图5-132　短款百搭马甲常用面料

纽扣

图5-133　短款百搭马甲常用辅料

4.服装尺寸

成衣规格为160/68A，依据我国使用的服装常用标准GB/T 1335.2—2008《服装号型女子》。基准测量部位及参考尺寸，见表5-25。

表 5-25　短款百搭马甲参考尺寸　　　　　　单位：cm

部位	衣长	胸围	肩宽	下摆围
尺寸	50	100	34	97

5.结构图

短款百搭马甲结构制图包括前片、后片，如图5-134所示。

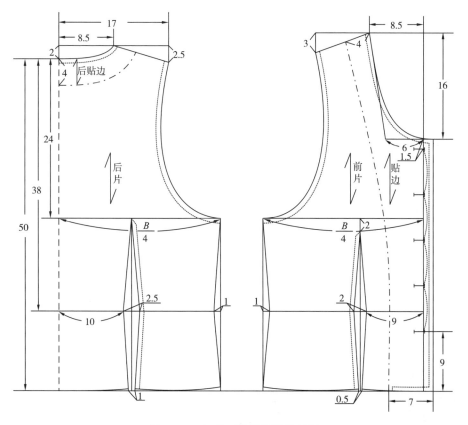

图5-134　短款百搭马甲结构制图

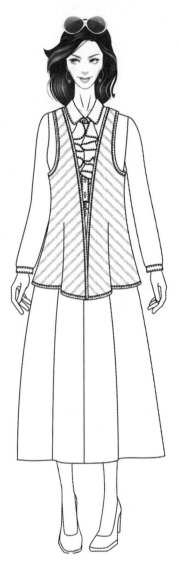

四、休闲运动风套头背心

1. 款式说明

休闲运动风套头背心，简单的A型无袖背心，如图5-135所示。领口采用深V领、下摆为裙摆设计，A廓型的运用给人以轻松、舒适、可爱、俏皮的感觉，具有宽松、随意、不贴身的特点，设计偏向年轻与可爱的风格，所以穿着人群多为年轻女性。在搭配方面可以选择衬衫、裙子、阔腿裤、短裤等。

2. 款式图

休闲运动风套头背心的正、背面款式如图5-136所示。

3. 面料的选择

休闲运动风套头背心可选择针织面料、亚麻面料、纯棉面料等制作，如图5-137所示。

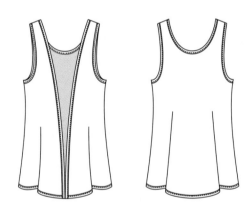

图5-135　休闲运动风套头背心效果图　　　　图5-136　休闲运动风套头背心款式图

针织面料　　　　　　　　　亚麻面料　　　　　　　　　纯棉面料

图5-137　休闲运动风套头背心常用面料

4.服装尺寸

成衣规格为160/68A，依据我国使用的服装常用标准GB/T 1335.2—2008《服装号型女子》。基准测量部位及参考尺寸，见表5-26。

表5-26 休闲运动风套头背心参考尺寸 单位：cm

部位	衣长	胸围	肩宽	下摆围
尺寸	65	100	33	138

5.结构图

休闲运动风套头背心结构制图包括前片、后片、绲边条，如图5-138所示。

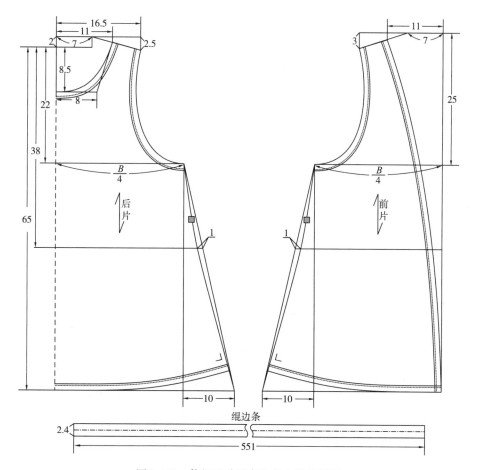

图5-138 休闲运动风套头背心结构制图

五、休闲中性工装马甲

1. 款式说明

休闲中性工装马甲，深受当代年轻人的喜爱，是在基础款马甲上做的一种创新，如图5-139所示。前身两个明贴袋的设计，使服装不仅具有实用性又有美感；下摆的松紧设计，起到收腰的作用；衣身的明线设计，增强了服装的设计感。在搭配上可以选择工装裤、牛仔裤等。

2. 款式图

休闲中性工装马甲的正、背面款式如图5-140所示。

3. 面料、辅料的选择

（1）面料：休闲中性工装马甲可选择牛仔面料、帆布面料、纯棉面料等制作，如图5-141所示。

（2）辅料：休闲中性工装马甲可选择的辅料有拉链、松紧带、金属纽扣等，如图5-142所示。

图5-139　休闲中性工装马甲效果图

图5-140　休闲中性工装马甲款式图

牛仔面料　　　　　　　　　帆布面料　　　　　　　　　纯棉面料

图5-141　休闲中性工装马甲常用面料

拉链　　　　　　　　　松紧带　　　　　　　　　金属纽扣

图5-142　休闲中性工装马甲常用辅料

4.服装尺寸

成衣规格为160/68A，依据我国使用的服装常用标准GB/T 1335.2—2008《服装号型女子》。基准测量部位及参考尺寸，见表5-27。

表5-27 休闲中性工装马甲参考尺寸
单位：cm

部位	衣长	胸围	肩宽	下摆围
尺寸	53	96	36	96

5.结构图

休闲中性工装马甲结构制图包括前片、后片、下摆贴边，如图5-143所示。

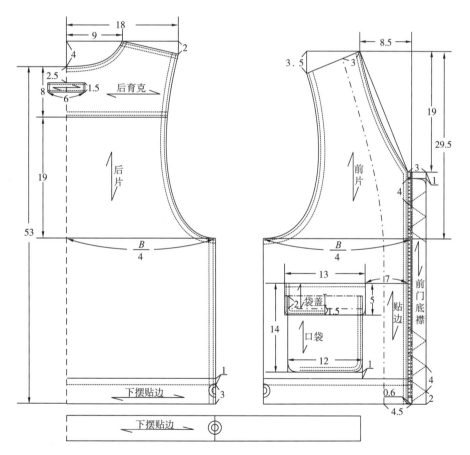

图5-143 休闲中性工装马甲结构制图

第五节　夹克流行款式

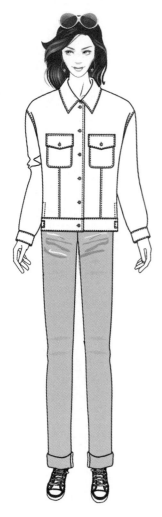

一、中性风牛仔夹克

1.款式说明

中性风牛仔夹克，如图5-144所示。牛仔夹克穿着人群主要以年轻人为主，此款式的前身有两个明贴胸袋，既实用又美观，衣身缉缝双明线，露出针脚作为装饰。上衣多有育克结构，门襟用金属纽扣，给人以豪放、自由、不拘小节的视觉感。在搭配上可以选择相同面料的牛仔裤、裙子等下装。

2.款式图

中性风牛仔夹克的正、背面款式如图5-145所示。

3.面料、辅料的选择

（1）面料：中性风牛仔夹克可选择牛仔面料、灯芯绒面料、帆布面料等制作，如图5-146所示。

图5-144　中性风牛仔夹克效果图　　　　图5-145　中性风牛仔夹克款式图

牛仔面料　　　　　　　灯芯绒面料　　　　　　　帆布面料

图5-146　中性风牛仔夹克常用面料

（2）辅料：中性风牛仔夹克可选择的辅料有金属纽
扣等，如图5-147所示。

4．服装尺寸

成衣规格为160/68A，依据我国使用的服装常用标
准GB/T 1335.2—2008《服装号型 女子》。基准测量部
位及参考尺寸，见表5-28。

金属纽扣

图5-147 中性风牛仔夹克常用辅料

表5-28 中性风牛仔夹克参考尺寸 单位：cm

部位	衣长	胸围	肩宽	下摆围	袖长	袖口围
尺寸	60	108	47	95	58	23

5．结构图

中性风牛仔夹克结构制图包括前片、后片、腰克夫、袖子和领子，如图5-148、
图5-149所示。

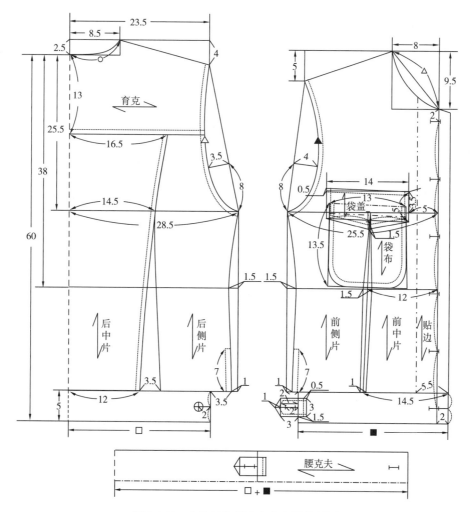

图5-148 中性风牛仔夹克衣身结构制图

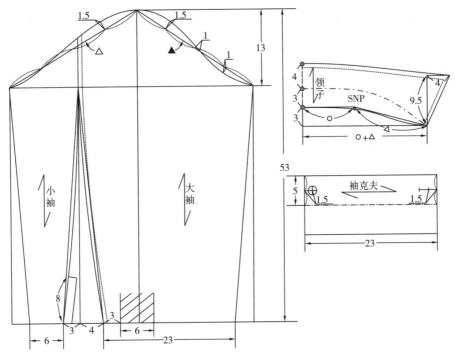

图5-149 中性风牛仔夹克领子、袖子结构制图

二、休闲连帽夹克

1. 款式说明

休闲连帽夹克，如图5-150所示。此款式为休闲运动风，简洁大方，衣身为连帽设计，袖子为插肩袖，袖口与下摆均有罗纹。衣身的明线装饰给人中性硬朗的感觉，也是整件夹克的点睛之笔，简约而不简单。在搭配上可以选择长款或者中长款的运动裤或牛仔裤等。

2. 款式图

休闲连帽夹克的正、背面款式如图5-151所示。

图5-150 休闲连帽夹克效果图

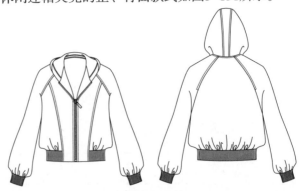

图5-151 休闲连帽夹克款式图

3.面料、辅料的选择

（1）面料：休闲连帽夹克可选择纯棉面料、牛仔面料、针织面料等制作，如图5-152所示。

（2）辅料：休闲连帽夹克可选择的辅料有罗纹、拉链等，如图5-153所示。

纯棉面料　　　　　　　　牛仔面料　　　　　　　　针织面料

图5-152　休闲连帽夹克常用面料

罗纹　　　　　　　　拉链

图5-153　休闲连帽夹克常用辅料

4.服装尺寸

成衣规格为160/68A，依据我国使用的服装常用标准GB/T 1335.2—2008《服装号型女子》。基准测量部位及参考尺寸，见表5-29。

表 5-29　休闲连帽夹克参考尺寸

单位：cm

部位	衣长	胸围	下摆围	连肩袖长	袖口围
尺寸	50	128	88	68	18

5.结构图

休闲连帽夹克结构制图包括前片、后片、袖子和帽子，如图5-154~图5-156所示。

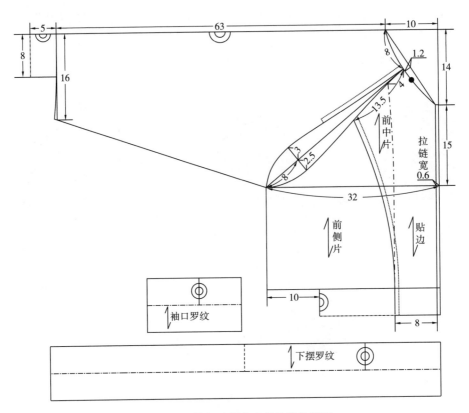

图5-154 休闲连帽夹克前片结构制图

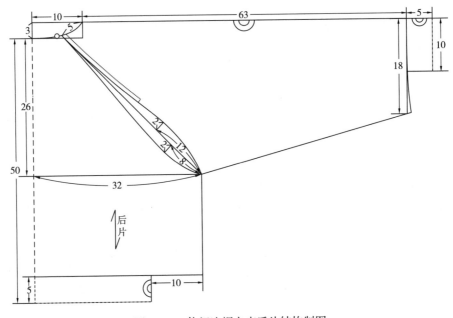

图5-155 休闲连帽夹克后片结构制图

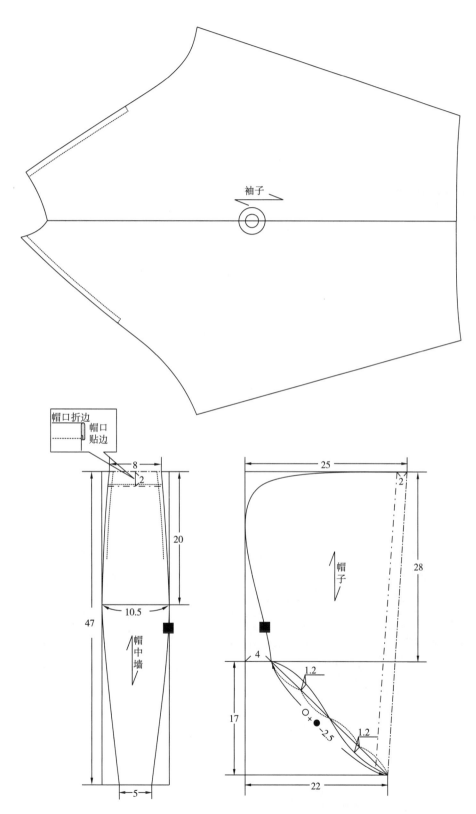

图5-156 休闲连帽夹克袖子和帽子结构制图

三、小香风短款夹克

1.款式说明

小香风短款夹克，如图5-157所示。这款夹克的设计非常经典，前身六粒扣，领口为圆领设计，袖口与下摆带有罗纹，既简洁大方，又具优雅气质，能够很好地凸显女性的气质。圆领加复古的H廓型设计使人眼前一亮，短款造型更能勾勒出纤细苗条的身姿，下装可以搭配长裤、长裙等。

2.款式图

小香风短款夹克的正、背面款式如图5-158所示。

3.面料、辅料的选择

（1）面料：小香风短款夹克可选择毛呢面料、针织面料、纯棉面料等制作，如图5-159所示。

（2）辅料：小香风短款夹克可选择的辅料有罗纹、珍珠纽扣等，如图5-160所示。

图5-158　小香风短款夹克款式图

图5-157　小香风短款夹克效果图

毛呢面料

针织面料

纯棉面料

图5-159　小香风短款夹克常用面料

罗纹

珍珠纽扣

图5-160　小香风短款夹克常用辅料

4. 服装尺寸

成衣规格为160/68A，依据我国使用的服装常用标准GB/T 1335.2—2008《服装号型 女子》。基准测量部位及参考尺寸，见表5-30。

表 5-30 小香风短款夹克参考尺寸 单位：cm

部位	衣长	胸围	肩宽	下摆围	袖长	袖口围
尺寸	46	96	38	96	55	26

5. 结构图

小香风短款夹克结构制图包括前片、后片和袖子，如图5-161、图5-162所示。

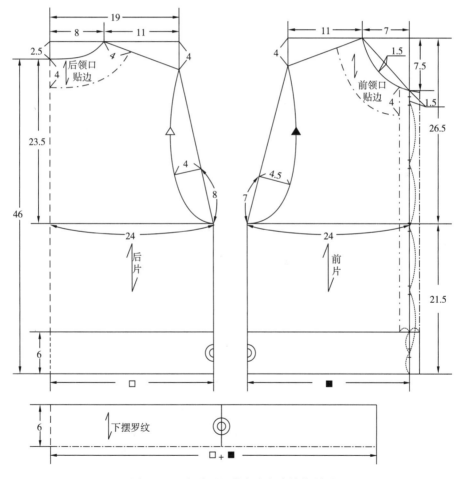

图5-161 小香风短款夹克衣身结构制图

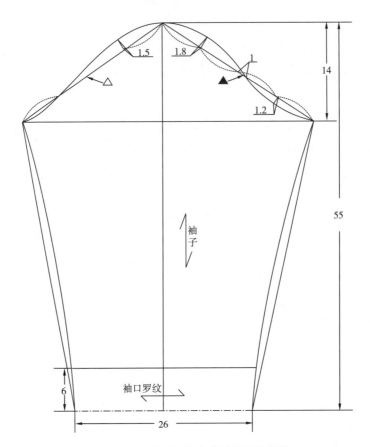

图5-162 小香风短款夹克袖子结构制图

第六节 大衣流行款式

一、简约飘逸长开衫

1. 款式说明

简约飘逸长开衫，简单的A字造型，如图5-163所示。简洁的开衫设计使整体具有修长的视觉感，收腰板型的运用给人以轻松、随和、舒适、自由的感觉，设计偏向成熟的风格，所以穿着人群多为年轻白领，在搭配上可以选择款式简洁的裙子、上衣、短裤等。

2. 款式图

简约飘逸长开衫的正、背面款式如图5-164所示。

3. 面料的选择

简约飘逸长开衫可选择羊绒面料、针织面料、毛呢面料等制作，如图5-165所示。

4. 服装尺寸

成衣规格为160/68A，依据我国使用的服装常用标准GB/T 1335.2—2008《服装号型　女子》。基准测量部位及参考尺寸，见表5-31。

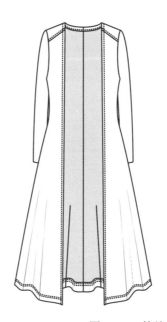

图5-163　简约飘逸长开衫效果图

图5-164　简约飘逸长开衫款式图

羊绒面料　　　　　　　　针织面料　　　　　　　　毛呢面料

图5-165　简约飘逸长开衫常用面料

表 5-31　简约飘逸长开衫参考尺寸　　　　　　　　　　　单位：cm

部位	衣长	胸围	肩宽	下摆围	袖长	袖口围
尺寸	120	106	40	226	60	30

5. 结构图

简约飘逸长开衫结构制图包括前片、后片和袖子，如图5-166所示。

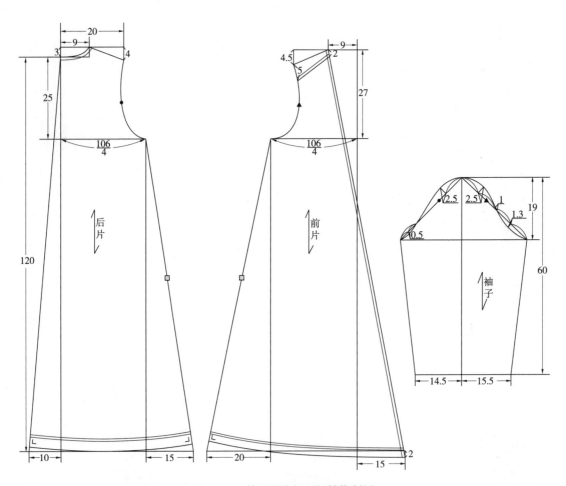

图5-166　简约飘逸长开衫结构制图

图5-167 蝴蝶结收腰
大衣效果图

二、蝴蝶结收腰大衣

1.款式说明

蝴蝶结收腰大衣，如图5-167所示。此款式采用娃娃领造型，前胸有两个装饰袋盖，蝴蝶结收腰造型配上娃娃领使设计更加年轻化，多种个性造型相结合更能凸显青年人的个性，在服装搭配上可以选择阔腿裤、高跟鞋等。

2.款式图

蝴蝶结收腰大衣的正、背面款式如图5-168所示。

3.面料、辅料的选择

（1）面料：蝴蝶结收腰大衣可选择纯棉面料、毛呢面料、羊毛面料等制作，如图5-169所示。

图5-168 蝴蝶结收腰大衣款式图

（2）辅料：蝴蝶结收腰大衣可选择的辅料有纽扣等，如图5-170所示。

纯棉面料

毛呢面料

羊毛面料

图5-169　蝴蝶结收腰大衣常用面料

纽扣

图5-170　蝴蝶结收腰大衣常用辅料

4. 服装尺寸

成衣规格为160/68A，依据我国使用的服装常用标准GB/T 1335.2—2008《服装号型女子》。基准测量部位及参考尺寸，见表5-32。

表 5-32　蝴蝶结收腰大衣参考尺寸　　　　　　　　　　　　　　　单位：cm

部位	衣长	胸围	肩宽	下摆围	袖长	袖口围
尺寸	90	108	43	124	55	24

5. 结构图

蝴蝶结收腰大衣结构制图包括前片、后片、领子和袖子，如图5-171所示。

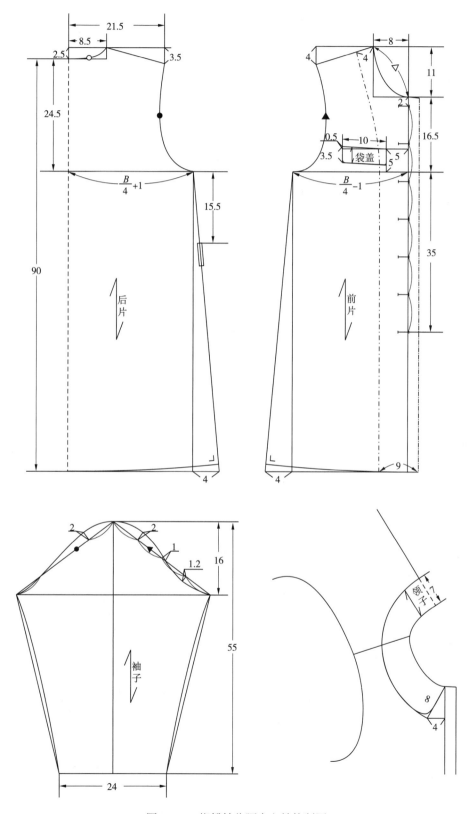

图5-171　蝴蝶结收腰大衣结构制图

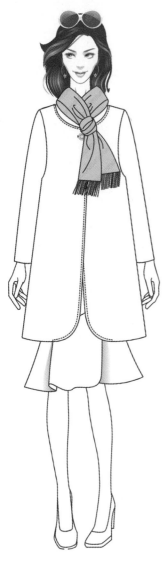

三、简约一粒扣圆领短大衣

1. 款式说明

简约一粒扣圆领短大衣，如图5-172所示。A廓型的款式特点是没有收腰设计，下摆阔开，有点可爱还有点复古，是近年流行款式之一，穿着的人群较为广泛。大衣没有过多的修饰，在领部选择一个珍珠或金属纽扣作为装饰，富有实用性的同时又增添了装饰效果，在搭配上可以选择款式简洁的连衣裙、小脚裤等淑女风格的服装。

2. 款式图

简约一粒扣圆领短大衣的正、背面款式如图5-173所示。

3. 面料、辅料的选择

（1）面料：简约一粒扣圆领短大衣可选择羊毛精纺面料、羊毛粗纺面料、毛呢面料等制作，如图5-174所示。

图5-172　简约一粒扣圆领
短大衣效果图

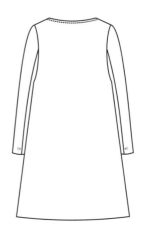

图5-173　简约一粒扣圆领短大衣款式图

羊毛精纺面料　　　　　　　羊毛粗纺面料　　　　　　　毛呢面料

图5-174　简约一粒扣圆领短大衣常用面料

（2）辅料：简约一粒扣圆领短大衣可选择的辅料有珍珠纽扣等，如图5-175所示。

珍珠纽扣

图5-175　简约一粒扣圆领短大衣常用辅料

4. 服装尺寸

成衣规格为160/68A，依据我国使用的服装常用标准GB/T 1335.2—2008《服装号型　女子》。基准测量部位及参考尺寸，见表5-33。

表 5-33　简约一粒扣圆领短大衣参考尺寸　　　　单位：cm

部位	衣长	胸围	肩宽	下摆围	袖长	袖口围
尺寸	90	106	40	146	55	26

5. 结构图

简约一粒扣圆领短大衣结构制图包括前片、后片和袖子，如图5-176所示。

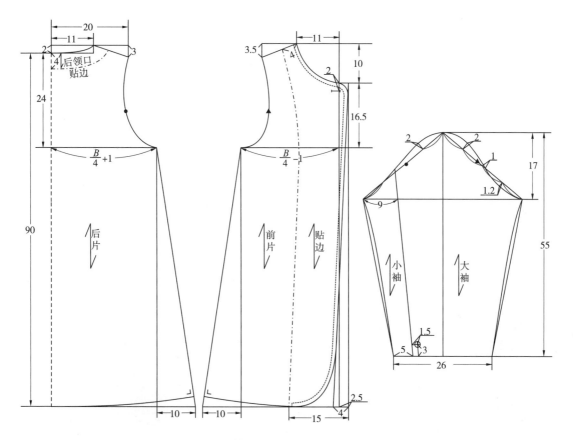

图5-176　简约一粒扣圆领短大衣结构制图

四、围裹式翻驳领大衣

1. 款式说明

围裹式翻驳领大衣，如图5-177所示。这款大衣给人以优雅大气之感，适合长方型身材、草莓型身材和不胖的苹果型身材。腰部采用腰带收腰处理，能很好地修饰体型；下摆的开衩处理，不仅便于人体活动，也增加了服装的美感。设计偏向成熟风格，在搭配方面可以选择阔腿裤、小脚裤、干练成熟的下装等。

2. 款式图

围裹式翻驳领大衣的正、背面款式如图5-178所示。

3. 面料的选择

围裹式翻驳领大衣可选择羊毛面料、毛呢面料、皮革面料等制作，如图5-179所示。

图5-177　围裹式翻驳领大衣效果图　　　　图5-178　围裹式翻驳领大衣款式图

羊毛面料　　　　　　　毛呢面料　　　　　　　皮革面料

图5-179　围裹式翻驳领大衣常用面料

4.服装尺寸

成衣规格为160/68A，依据我国使用的服装常用标准GB/T 1335.2—2008《服装号型女子》。基准测量部位及参考尺寸，见表5-34。

表5-34 围裹式翻驳领大衣参考尺寸
单位：cm

部位	衣长	胸围	肩宽	下摆围	袖长	袖口围
尺寸	125	112	50	158	50	35

5.结构图

围裹式翻驳领大衣结构制图包括前片、后片、腰带和袖子，如图5-180、图5-181所示。

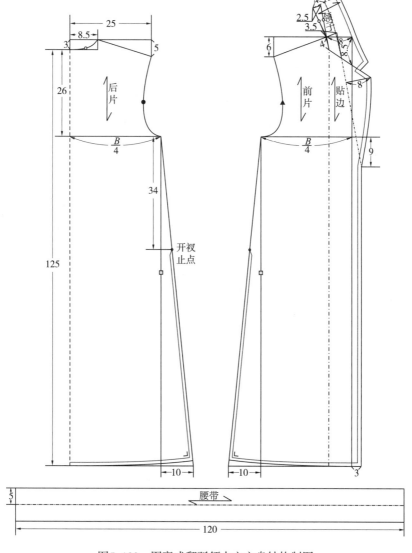

图5-180 围裹式翻驳领大衣衣身结构制图

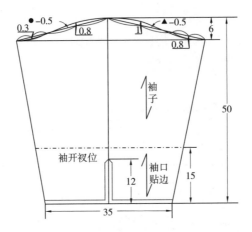

图5-181　围裹式翻驳领大衣袖子结构制图

五、关门领休闲大衣

1. 款式说明

关门领休闲大衣，如图5-182所示。此款式前身有两个明贴袋，既实用又美观；袖口为松紧收口设计，腰部也是松紧收腰；肩部有肩襻，整体款式设计给人以率性、干练的感觉，偏向青春风格，穿着人群多以年轻女性为主。在搭配方面可以选择阔腿裤、牛仔裤、运动鞋、平底鞋等。

2. 款式图

关门领休闲大衣的正、背面款式如图5-183所示。

图5-182　关门领休闲大衣效果图　　　　图5-183　关门领休闲大衣款式图

3.面料、辅料的选择

（1）面料：关门领休闲大衣可选择呢子面料、羊毛面料、羊绒面料等制作，如图5-184所示。

（2）辅料：关门领休闲大衣可选择的辅料有松紧带、纽扣等，如图5-185所示。

呢子面料　　　　　　　　　　羊毛面料　　　　　　　　　　羊绒面料

图5-184　关门领休闲大衣常用面料

松紧带　　　　　　　　　纽扣

图5-185　关门领休闲大衣常用辅料

4.服装尺寸

成衣规格为160/68A，依据我国使用的服装常用标准GB/T 1335.2—2008《服装号型女子》。基准测量部位及参考尺寸，见表5-35。

表5-35　关门领休闲大衣参考尺寸

单位：cm

部位	衣长	胸围	肩宽	下摆围	袖长	袖口围
尺寸	115	120	46	120	55	40

5. 结构图

关门领休闲大衣结构制图包括前片、后片、袖子和领子等，如图5-186所示。

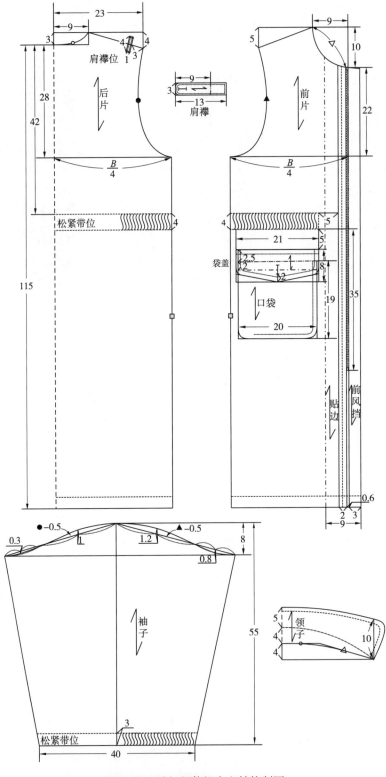

图5-186　关门领休闲大衣结构制图

第七节　西服套装流行款式

一、复古V领西服套装

1. 款式说明

复古V领西服套装，如图5-187所示。西服的前身设计了两个明贴袋，既实用又美观，V领展现了女性的优雅；常规的一步裙在凸显女性魅力的同时还具备职场的严肃。整套服装给人以大方、优雅的感受，在搭配上可以选择大衣、高领衬衫等。

2. 款式图

复古V领西服套装的正、背面款式如图5-188所示。

图5-188　复古V领西服套装款式图

图5-187　复古V领西服
套装效果图

3. 面料、辅料的选择

（1）面料：复古V领西服套装可选择精纺羊毛面料、粗纺羊毛面料、法兰绒面料等制作，如图5-189所示。

（2）辅料：复古V领西服套装可选择的辅料有纽扣、隐形拉链等，如图5-190所示。

精纺羊毛面料　　　　　　　　粗纺羊毛面料　　　　　　　　法兰绒面料

图5-189　复古V领西服套装常用面料

纽扣　　　　　　　　隐形拉链

图5-190　复古V领西服套装常用辅料

4. 服装尺寸

成衣规格为160/68A，依据我国使用的服装常用标准GB/T 1335.2—2008《服装号型女子》。基准测量部位及参考尺寸，见表5-36。

表 5-36　复古 V 领西服套装参考尺寸　　　　　　单位：cm

部位	衣长	胸围	肩宽	袖长	袖口围	上衣下摆围	裙长	腰长	腰围	臀围	裙下摆围
尺寸	70	104	38	56	26	102	50	20	70	94	94

5. 结构图

复古V领西服套装结构制图包括前片、后片、袖子和裙子，如图5-191~图5-193所示。

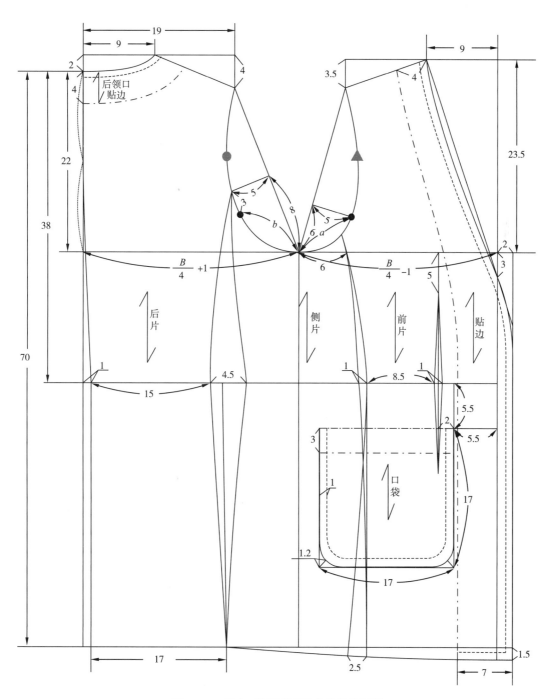

图5-191 复古V领西服套装衣身结构制图

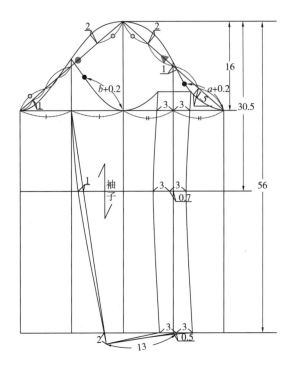

图5-192 复古V领西服套装袖子结构制图

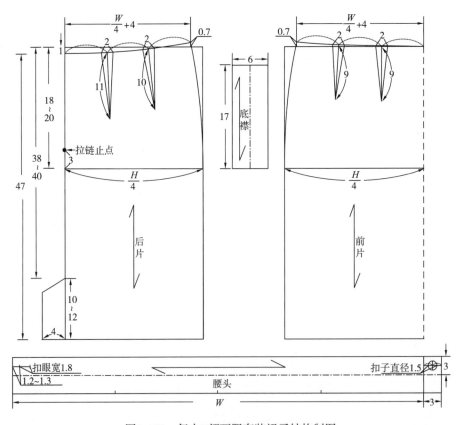

图5-193 复古V领西服套装裙子结构制图

图5-194　翻领修身西服套装效果图

二、翻领修身西服套装

1.款式说明

翻领修身西服套装，如图5-194所示。此款式前门襟有九粒扣，并有两个装饰袋盖，腰部为收腰设计，裙子为包臀设计。此西服套装整体偏向年轻化，给人一种青春靓丽的感觉，在搭配上可以选择大衣、T恤、高跟鞋、平底鞋等。

2.款式图

翻领修身西服套装的正、背面款式如图5-195所示。

3.面料、辅料的选择

（1）面料：翻领修身西服套装可选择羊毛面料、羊绒面料、花呢面料等制作，如图5-196所示。

图5-195　翻领修身西服套装款式图

羊毛面料

羊绒面料

花呢面料

图5-196　翻领修身西服套装常用面料

（2）辅料：翻领修身西服套装可选择的辅料有纽
扣、隐形拉链等，如图5-197所示。

纽扣　　　　　隐形拉链

4. 服装尺寸

成衣规格为160/68A，依据我国使用的服装常用
标准GB/T 1335.2—2008《服装号型　女子》。基准测量
部位及参考尺寸，见表5-37。

图5-197　翻领修身西服套装常用辅料

表5-37　翻领修身西服套装参考尺寸　　　　　单位：cm

部位	衣长	胸围	肩宽	袖长	袖口	上衣下摆围	裙长	腰长	腰围	臀围	裙下摆围
尺寸	55	100	40	56	25	104	65	20	70	94	94

5. 结构图

翻领修身西服套装结构制图包括前片、后片、领子、袖子和裙子等，如图5-198~
图5-200所示。

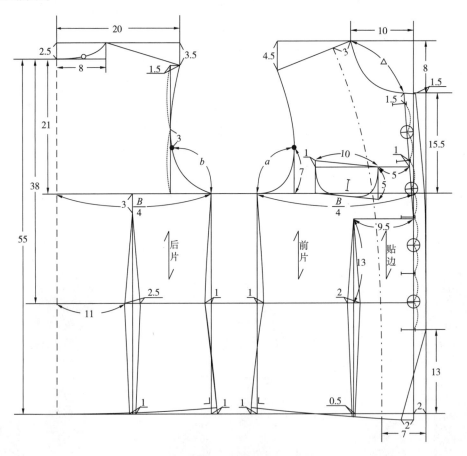

图5-198　翻领修身西服套装衣身结构制图

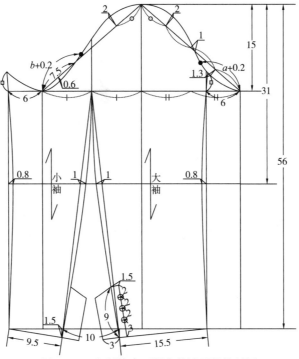

图5-199　翻领修身西服套装袖子结构制图

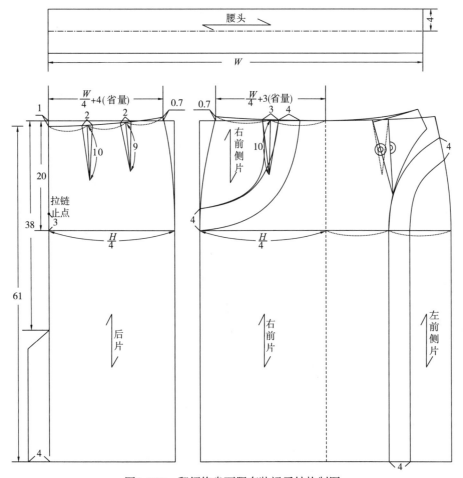

图5-200　翻领修身西服套装裙子结构制图

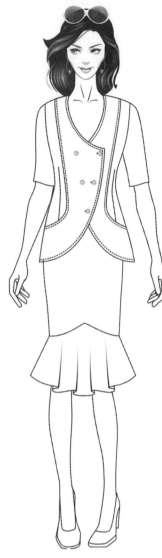

图5-201 大圆摆西服
套装效果图

三、大圆摆西服套装

1. 款式说明

大圆摆西服套装，是在基础款西服板型上的一个创新，如图5-201所示。西服前身为五粒扣，门襟与下摆为不规则形设计，增添了服装的设计感；裙子下摆处为鱼尾设计。此西服套装给人以时尚、优雅之感。在搭配上可以选择大衣、衬衣、高跟鞋等。

2. 款式图

大圆摆西服套装的正、背面款式如图5-202所示。

3. 面料、辅料的选择

（1）面料：大圆摆西服套装可选择灯芯绒面料、羊毛面料、呢子面料等制作，如图5-203所示。

（2）辅料：大圆摆西服套装可选择的辅料有珍珠纽扣、隐形拉链等，如图5-204所示。

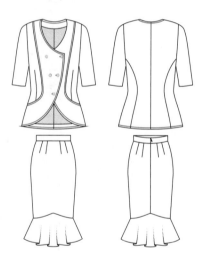

图5-202 大圆摆西服套装款式图

灯芯绒面料　　　　　羊毛面料　　　　　呢子面料　　　　　珍珠纽扣

隐形拉链

图5-203 大圆摆西服套装常用面料　　　　图5-204 大圆摆西服套装常用辅料

4.服装尺寸

成衣规格为160/68A，依据我国使用的服装常用标准GB/T 1335.2—2008《服装号型女子》。基准测量部位及参考尺寸，见表5-38。

表 5-38　大圆摆西服套装参考尺寸　　　　　　　　　　　　单位：cm

部位	衣长	胸围	肩宽	袖长	袖口围	上衣下摆围	裙长	腰长	腰围	臀围	裙下摆围
尺寸	58	98	38	30	30	100	59	20	70	94	190

5.结构图

大圆摆西服套装结构制图包括前片、后片、袖子和裙子，如图5-205、图5-206所示。

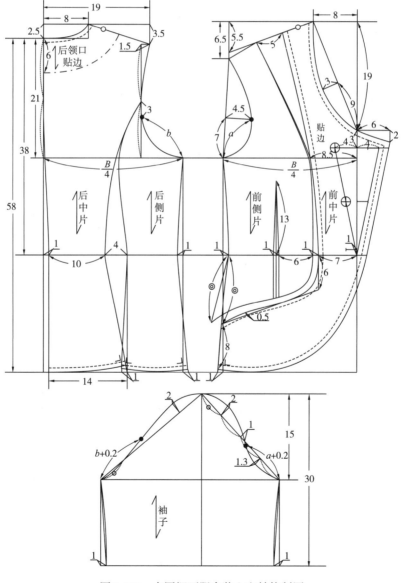

图5-205　大圆摆西服套装上衣结构制图

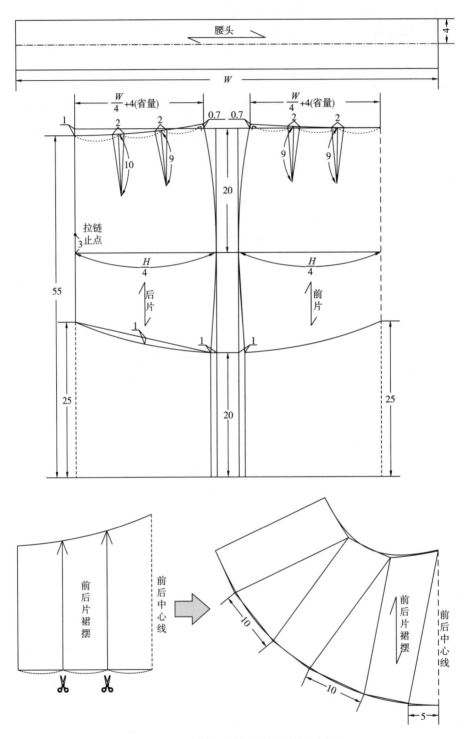

图5-206　大圆摆西服套装裙子结构制图

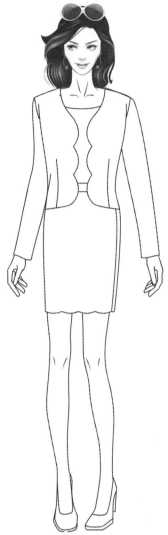

四、短款小西服套装

1.款式说明

短款小西服套装,如图5-207所示。这款上装的特点是前门襟为波浪形,板型虽然简单,但体现出了时尚优雅的气质。此款设计偏向于职场女性风格,再配以波浪下摆的西服裙,更具时尚韵味。在搭配上可以选择衬衫、高跟鞋等。

2.款式图

短款小西服套装的正、背面款式如图5-208所示。

3.面料、辅料的选择

(1)面料:短款小西服套装可选择牛仔布面料、羊毛面料、斜纹帆布面料等制作,如图5-209所示。

图5-207　短款小西服
套装效果图

图5-208　短款小西服套装款式图

牛仔布面料

羊毛面料

斜纹帆布面料

图5-209　短款小西服套装常用面料

（2）辅料：短款小西服套装可选择的辅料有隐形拉链等，如图5-210所示。

隐形拉链

图5-210　短款小西服套装常用辅料

4.服装尺寸

成衣规格为160/68A，依据我国使用的服装常用标准GB/T 1335.2—2008《服装号型女子》。基准测量部位及参考尺寸，见表5-39。

表 5-39　短款小西服套装参考尺寸　　　　单位：cm

部位	衣长	胸围	肩宽	袖长	袖口围	上衣下摆围	裙长	腰长	腰围	臀围	裙下摆围
尺寸	45	100	38	57	24	88	51	20	70	94	88

5.结构图

短款小西服套装结构制图包括前片、后片、袖子和裙子，如图5-211、图5-212所示。

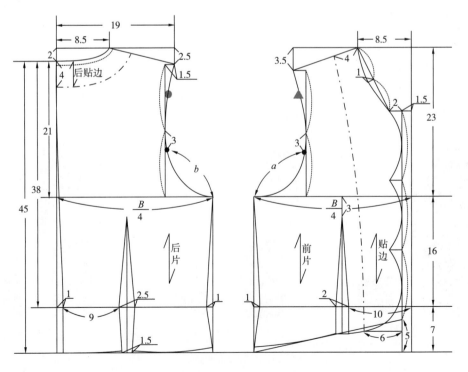

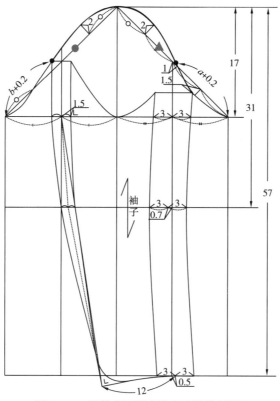

图5-211 短款小西服套装上衣结构制图

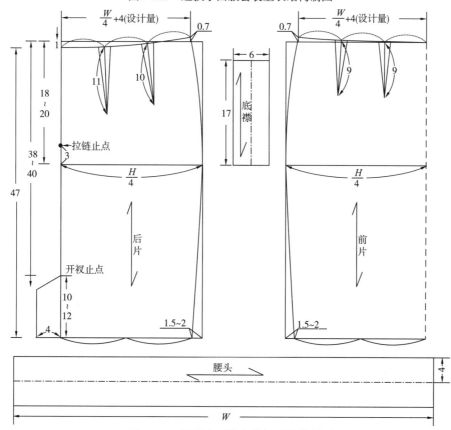

图5-212 短款小西服套装裙子结构制图

五、一粒扣圆领短款套装

1. 款式说明

一粒扣圆领短款套装，如图5-213所示。相比经典的西服款式，圆领设计更具时尚感。此款式为一粒扣设计，裙摆为波浪褶，整体给人以优雅大方的感觉。在服饰搭配上可以选择高跟鞋、平底鞋等。

2. 款式图

一粒扣圆领短款套装的正、背面款式如图5-214所示。

3. 面料、辅料的选择

（1）面料：一粒扣圆领短款套装可选择羊绒面料、灯芯绒面料、牛仔面料等制作，如图5-215所示。

图5-213　一粒扣圆领短款
套装效果图

图5-214　一粒扣圆领短款套装款式图

羊绒面料

灯芯绒面料

牛仔面料

图5-215　一粒扣圆领短款套装常用面料

（2）辅料：一粒扣圆领短款套装可选择的辅料有珍珠纽扣、隐形拉链等，如图5-216所示。

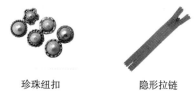

珍珠纽扣　　　　　　　隐形拉链

图5-216　一粒扣圆领短款套装常用辅料

4. 服装尺寸

成衣规格为160/68A，依据我国使用的服装常用标准GB/T 1335.2—2008《服装号型女子》。基准测量部位及参考尺寸，见表5-40。

表5-40　一粒扣圆领短款套装参考尺寸

单位：cm

部位	衣长	胸围	肩宽	袖长	袖口围	上衣下摆围	裙长	腰围	裙下摆围
尺寸	50	108	40	55	24	125	43	70	196

5. 结构图

一粒扣圆领短款套装结构制图包括前片、后片、袖子和裙子，如图5-217、图5-218所示。

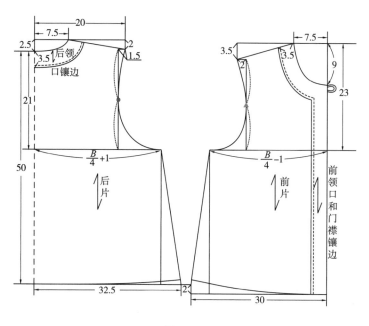

图5-217

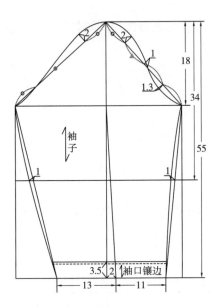

图5-217 一粒扣圆领短款套装上衣结构制图

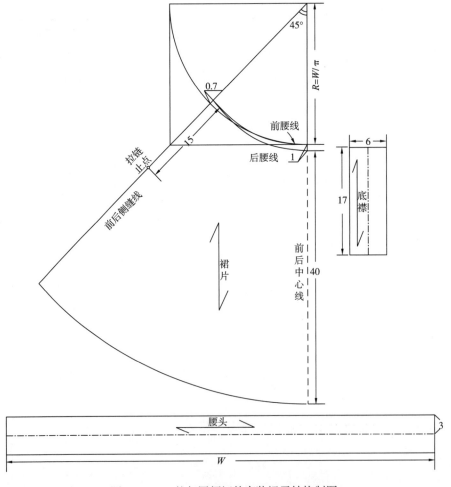

图5-218 一粒扣圆领短款套装裙子结构制图

第六章　女上装样板制作与缝制

第一节　女式无袖衬衫样板制作与缝制

裁剪纸样是将作图的轮廓线拓在别的纸上，剪下来使用的纸样。

服装款式多种多样，但无论繁简，服装往往都由多个裁片组成。成衣纸样设计还需考虑缝制的问题，因此绘制完结构图之后可以制作成缝制用的样板。

以女式无袖衬衫作为实例讲解衬衫的样板制作与缝制。

一、女式无袖衬衫结构制图

在绘制服装结构图时需要把服装款式、服装材料、服装工艺三者进行融会贯通的考虑，只有这样才能使成品服装既符合设计者的意图，又能保持服装制作的可行性，根据款式图和结构图缝制服装。女式无袖衬衫款式如图6-1所示。

图6-1　女式无袖衬衫款式图

　　本款成衣规格为160/84A，依据我国使用的服装常用标准GB/T 1335.2—2008《服装号型　女子》。基准测量部位及参考尺寸，见表6-1。

表 6-1　女式无袖衬衫参考尺寸　　　　　　　　　　　　　　　　单位：cm

部位	衣长	胸围	肩宽	下摆围
尺寸	64.5	102	35	114

　　女式无袖衬衫结构图，如图6-2所示。

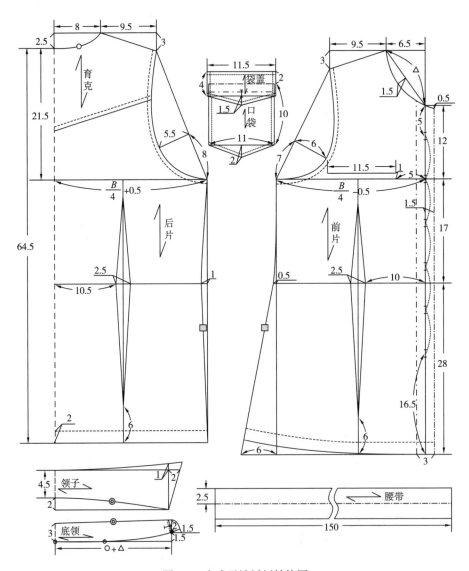

图6-2　女式无袖衬衫结构图

首先，在设计效果图的基础上制作结构图基本纸样，通常是以平面作图法和立体裁剪法，或者平面作图与立体裁剪结合的方法制成。其次，将该纸样裁剪和缝合后，再重新确认设计效果，如图6-3所示。

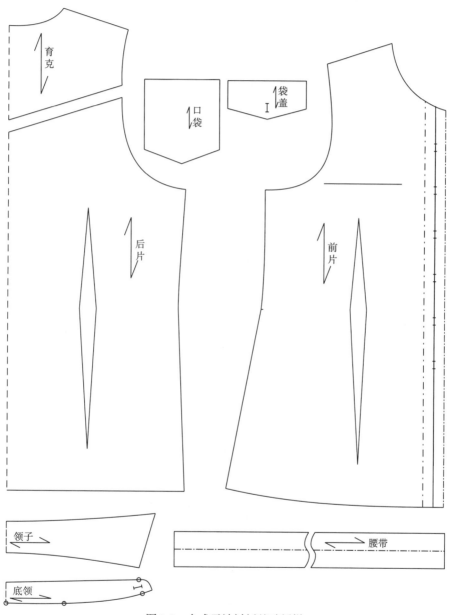

图6-3　女式无袖衬衫基础纸样

二、女式无袖衬衫样板制作

完成基础纸样的制图，只是缝制的第一步。接下来需要配备的样板只有符合缝制的一些细节要求才能方便缝制。衬衫样板分为面板、里板、衬板、净板四个部分。净板，指不加缝份的净尺寸样板，净板可采用厚纸板制作。

1. 女式无袖衬衫样板缝份加放遵循平行原则

（1）在侧缝线等近似直线的轮廓线，缝份加放1~1.5cm。

（2）在袖窿等曲度较大的轮廓线，缝份加放0.8~1cm。

（3）折边部位缝份的加放量根据款式加放，衬衫底边折边处，一般加放1.5~2cm。

无袖衬衫样板的缝份加放和制作，如图6-4~图6-6所示。

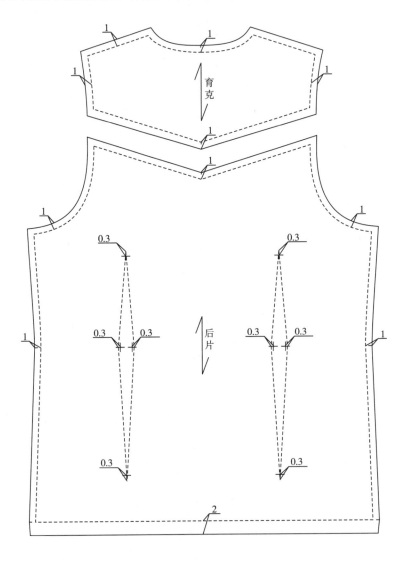

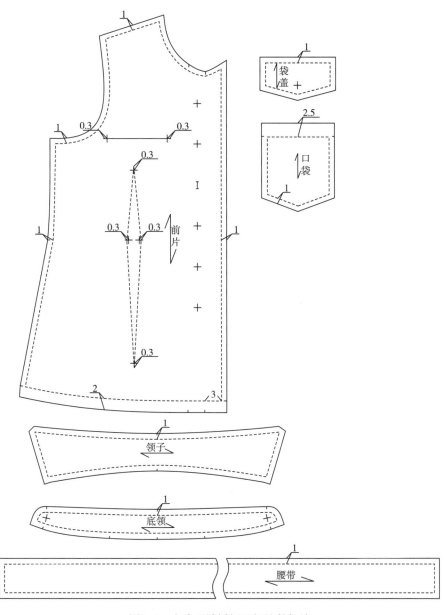

图6-4 女式无袖衬衫面板缝份加放

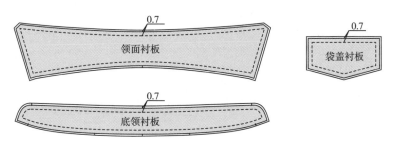

图6-5 女式无袖衬衫衬板缝份加放

2. 女式无袖衬衫样板

女式无袖衬衫裁剪工业样板示意图，如图6-7所示。

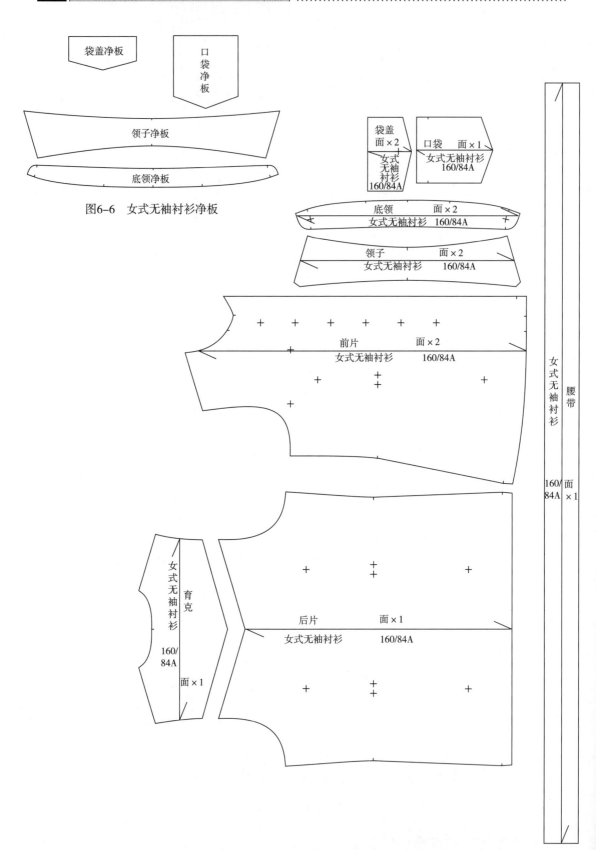

袋盖净板

口袋净板

领子净板

底领净板

图6-6 女式无袖衬衫净板

袋盖
面×2
女式无袖衬衫
160/84A

口袋 面×1
女式无袖衬衫
160/84A

底领 面×2
女式无袖衬衫 160/84A

领子 面×2
女式无袖衬衫 160/84A

前片 面×2
女式无袖衬衫 160/84A

女式无袖衬衫

腰带

160/84A

面×1

女式无袖衬衫

育克

160/84A

面×1

后片 面×1
女式无袖衬衫 160/84A

图6-7 女式无袖衬衫工业样板

三、女式无袖衬衫制作工艺流程

女式无袖衬衫简单的缝制工艺流程示意图，如图6-8所示。

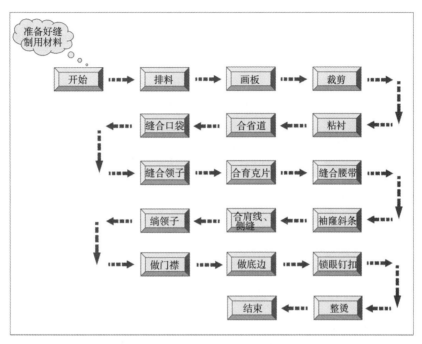

图6-8　女式无袖衬衫工艺制作简图

四、女式无袖衬衫缝制步骤

1.排料

做好样板以后，要在选好的面料、里料上排板，如图6-9所示。排料是裁剪的基础，它决定着每片样板的位置以及使用面料的多少。正确的排料方法如下。

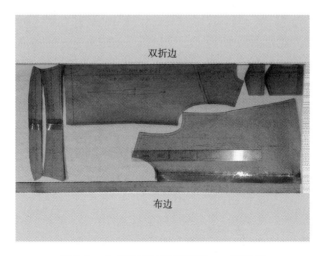

图6-9　女式无袖衬衫排料图——面料板

（1）将面料铺好。把面料对折成双层，面料表面要平整，保证布边对齐，不能参差不齐，双折边向外，布边对着操作者。布料如果有褶皱不平的地方，需要用熨斗烫平后再摆放纸样画样，否则会因裁片变形，给以后的缝纫工作带来麻烦，影响服装成品的质量。如果面料比较薄，或者比较滑，可以选用大头针或夹子固定。

（2）保证纸样与布料的布丝方向一致。格纹面料的格子要对齐，条纹面料要对条。除此之外，还要注意有特殊花型方向的面料，如果面料上有能看出方向的花型（花朵有正反向），排料时为保证方向一致，均要保持同一方向。

（3）在满足工艺要求的前提下，要尽可能节约用料。可以采用先大后小、缺口对接、多件套排、不同号型规格或不同成衣（如上衣与裤子）套排等方式排料，尽量减少面料剩余。但也不能为了节省面料，排料太紧凑，或重叠排料，甚至不考虑面料的经纬方向，这都是不允许的。

排好面料之后，在衬衫的底领、领面和袋盖的面料上还需要粘衬，以便于缝合也使领子和袋盖具有一定的硬挺度，造型看上去也更美观，如图6-10所示。

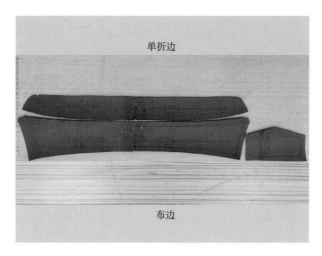

图6-10　女式无袖衬衫排料图——衬布板

2. 画板

用划粉将纸样的外轮廓画在面料上，同时需要在扣位、省道、口袋等部位根据纸样上的对位点在面料上标明对应的位置，省尖点处可用锥子透过纸样轻轻地在面料上扎一下作为标记，如图6-11所示。

3. 裁剪

按照画好的线迹将两片前衣片、一片后衣片、一片育克、两片领面、两片底领、两片袋盖和一片袋布裁剪下来，并剪出对位点。同时，将领衬和袋盖衬裁剪下来准备好，粘衬的样片上要画净线，衬料比面料小0.3cm。裁片准备就绪后可以开始缝制。

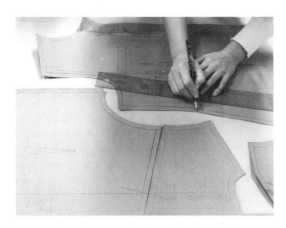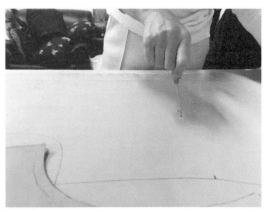

图6-11 女式无袖衬衫画板示意图

4.粘衬

使用熨斗将底领、领面和袋盖处烫上黏合衬，注意粘衬的时候尽量避免面料上有疵点之处，而且时间、温度、压力等因素要同时具备才能将黏合衬粘好，如图6-12所示。

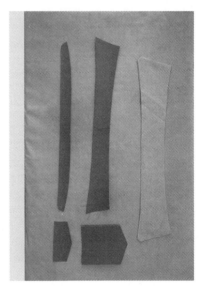

图6-12 粘衬示意图

5.合省道

将前、后衣片的腰省缉缝后，烫倒腰省缝份，使前、后衣片的省都倒向侧缝，省尖处要烫平顺，不能打褶，如图6-13所示。

6.缝合口袋

（1）将袋盖和袋布按净线扣烫好，注意在熨烫两片袋盖布的时候，袋里要比袋面略小。

（2）根据前片衣身上的口袋定位点确定袋盖和袋布的位置。袋布的摆放应与前中心线平行，并缉缝0.6cm明线。

图6-13　合省道示意图

（3）缝合袋盖，缝合完之后要修剪袋盖的缝份，使其呈阶梯状，修剪至袋盖面剩余0.3cm，袋盖里剩余0.5cm。为了使袋盖翻至正面的时候能够尽量平整，所以袋盖的尖角处要尽量修净。然后将袋盖翻正，熨烫平整，缉缝0.6cm明线。

（4）将袋盖绱在衣身上，根据衣身袋盖的定位点，按净线缉缝，然后将袋盖翻折下来进行熨烫，在袋盖上方缉缝0.6cm明线，如图6-14所示。

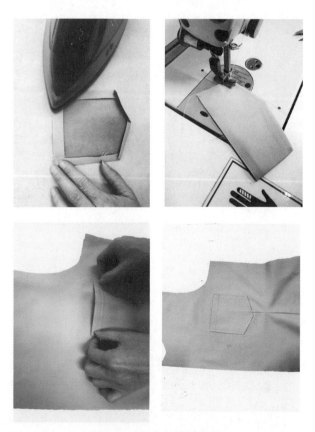

图6-14　缝合口袋示意图

7. 缝合领子

（1）将领子的面布和里布缝合，并修剪领面、领里的缝份。除了翻折线以外，领里比领面要小0.3cm，缝合的时候要吃缝，使领面包住领里，领里不会反吐。

（2）缝份向领面扣烫并修剪，使领面缝份剩余0.3cm，领里缝份剩余0.5cm。止口不能反吐，缉缝0.6cm明线，如图6-15所示。

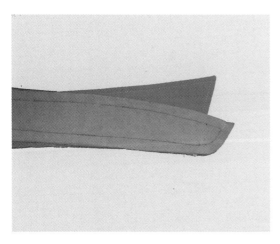 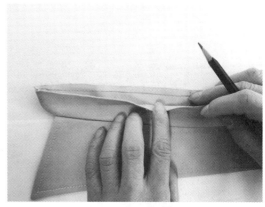

图6-15　领面与底领缝合示意图

（3）将领子和底领的对位点对齐，领子的面对底领的面（粘衬的那面相对），吃缝主要在后领口，将后中心对齐。底领面向内翻折烫好，修剪缝份，原理同领面。

8. 合育克片

缝合育克片的时候采用来去缝的方法，即先正面对正面缉缝一条0.5cm的线，修剪缝份后再翻折过来，缉缝一条0.5cm的线。注意，在育克尖角处容易起皱褶，为了避免这种现象的出现，可在尖角处打剪口，以保证平整。然后在正面缉缝一条0.1cm的明线，如图6-16所示。

图6-16　育克缝合示意图

9. 缝合腰带

将腰带正面相对折叠并缝合，留出一个小开口不缝即可将腰带正面翻出，留的开口不宜过大，否则会影响腰带的美观。缝合完成后，将腰带1cm的缝份修剪至0.3cm，尖角处修净并打剪口，使其翻折过来后平整。但要注意不能过度修剪，否则尖角处会出现漏洞，如图6-17所示。

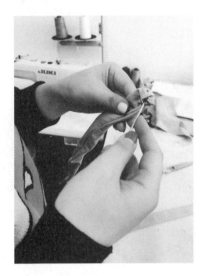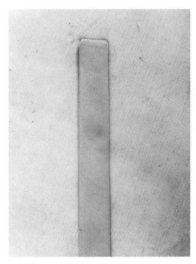

图6-17　腰带缝制示意图

10. 袖窿斜条

从剩余的面料上裁剪下斜纱45°、宽度为2.5cm的袖窿斜条。用皮尺测量袖窿一周，记下左右袖窿的长度即为袖窿斜条的长度。

将斜条的三分之一处向内扣烫，注意不能扯拽，然后在斜条上约1cm处画线，两端缝合，如图6-18所示。最后将袖窿斜条绱到衣身袖窿上，如图6-19所示。

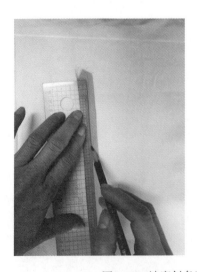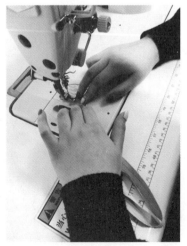

图6-18　袖窿斜条画线与缝合示意图

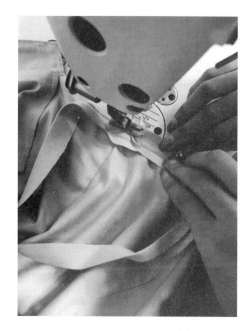
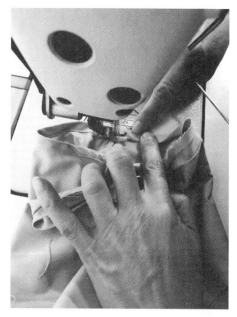

图6-19 绱袖窿斜条示意图

11. 合肩线、侧缝

肩线和侧缝的缝制依然是采用来去缝的方式，如图6-20、图6-21所示，即缝合方法与育克的缝合方法一样。先缝合肩线再缝合侧缝。

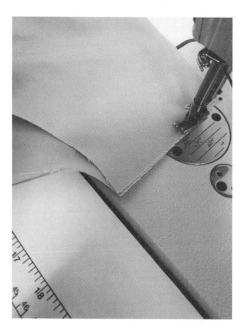

图6-20 肩线缝合示意图

图6-21　侧缝来去缝缝合示意图

12. 绱领子

将底领的对位点与衣身对位点对齐，然后比对底领下口线的长度和衣身领口的长度，确定吃缝量，将领子和衣身缝合。

缝合完成后，在底领正面缉缝一圈0.1cm明线，如图6-22所示。

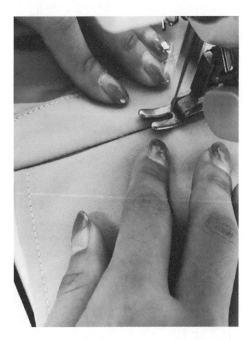

图6-22　绱领子示意图

13. 做门襟

在做门襟的时候，首先要向内翻折0.5cm，用熨斗扣烫好。由女式无袖衬衫结构图可知，门襟宽为1.5cm，所以在翻折0.5cm的基础上，再翻折1.5cm，然后沿前中心线缉缝0.1cm的明线，两端回针固定，如图6-23所示。

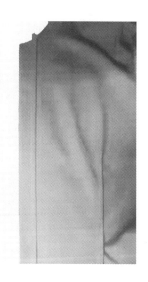

图6-23　衬衫门襟缉缝示意图

14. 做底边

首先将底边向内平行于净线扣烫1cm，然后沿净线向内扣烫2cm，缉缝0.1cm明线，如图6-24所示。

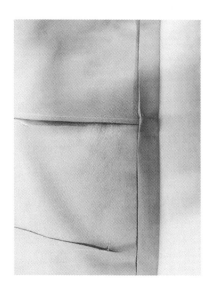
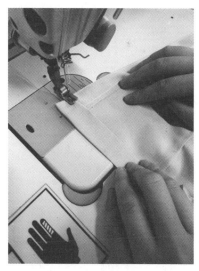

图6-24　底边缝制示意图

15. 锁眼钉扣

用锁眼钉扣机在衬衫纽扣的对位点处进行锁眼，用手缝针在相对应的位置钉缝纽扣，如图6-25所示。

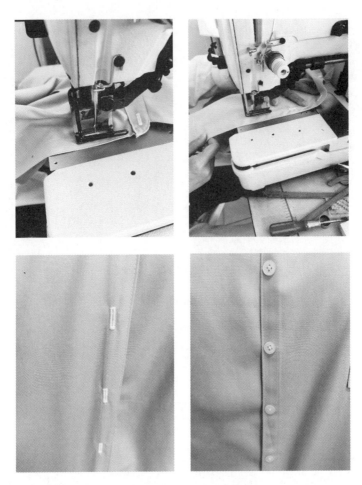

图6-25　锁眼钉扣示意图

16. 整烫

　　将做好的衬衫放在烫台上摆平，重新将各衣片、领子及袖窿处熨烫平整，如图6-26所示。

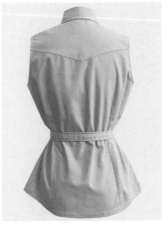

图6-26　女式无袖衬衫成品示意图

第二节　连立领中袖旗袍样板制作与缝制

　　旗袍是中华女性最具代表性的一款服装，其制作过程与其他服装大同小异。传统的旗袍长度较长，通常到脚踝，短的旗袍多在膝盖以上3cm左右。近代旗袍进入了立体造型时代，衣片上出现了省道，使得腰部更为合体。

　　以连立领中袖旗袍作为实例讲解旗袍的样板制作与缝制。

一、连立领中袖旗袍结构制图

　　连立领中袖旗袍采用最常规的一款连立领结构，不同于传统旗袍的立领，而是利用后领口省做出立领的立体造型，前领口则为类似中式立领的弧线设计。除此之外，还有胸省、腰省结构，使旗袍更贴合人体。连立领中袖旗袍款式如图6-27所示。

图6-27　连立领中袖旗袍款式图

　　本款成衣规格为160/84A，依据我国使用的服装常用标准GB/T 1335.2—2008《服装号

型　女子》。基准测量部位及参考尺寸，见表6-2。

表6-2　连立领中袖旗袍参考尺寸　　　　　　　　　　　单位：cm

部位	衣长	胸围	腰围	臀围	袖长	肩宽	下摆围
尺寸	105	94	78	100	40	38	93

连立领中袖旗袍结构图，如图6-28所示。

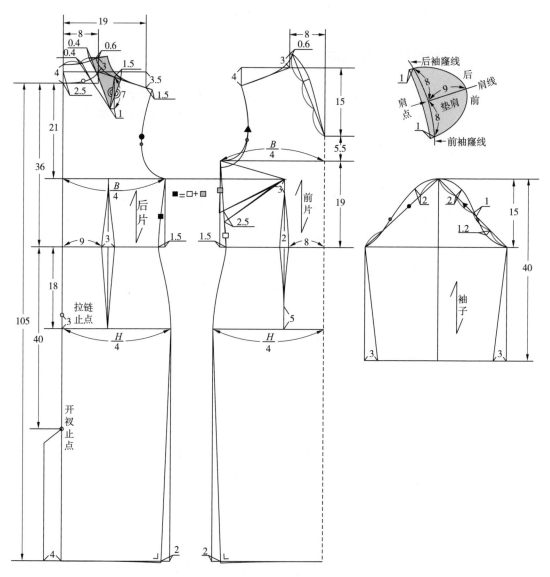

图6-28　连立领中袖旗袍结构图

首先，在设计效果图的基础上绘制结构图基本纸样，通常是以平面作图法，用该纸样裁剪和缝合后，再重新确认设计效果，如图6-29所示。

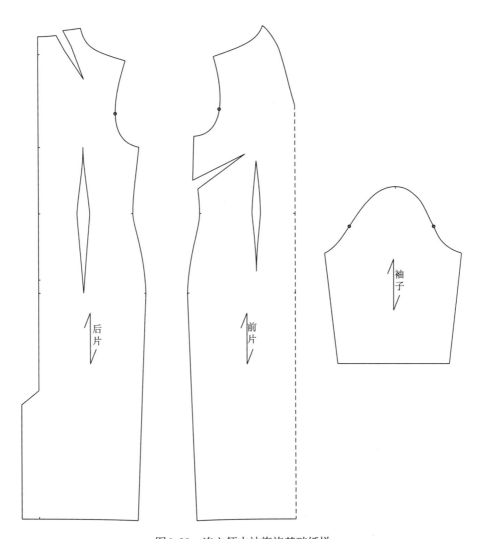

图6-29　连立领中袖旗袍基础纸样

二、连立领中袖旗袍样板制作

完成基础纸样的制图后，接下来需要配备的样板只有符合缝制的一些细节要求，才能方便缝制。

旗袍样板分为面板、里板、净板三个部分。净板，指不加缝份的净尺寸样板，净板可采用厚纸板制作。

1. **连立领中袖旗袍样板缝份加放遵循平行原则**

（1）在侧缝线等近似直线的轮廓线，缝份加放1～1.2cm。

（2）在袖窿等曲度较大的轮廓线，缝份加放0.8～1cm。

（3）折边部位缝份的加放量根据款式加放，连立领中袖旗袍面料底边折边处一般加放4cm，里料底边折边处一般加放3cm。

连立领中袖旗袍的缝份加放，如图6-30、图6-31所示。

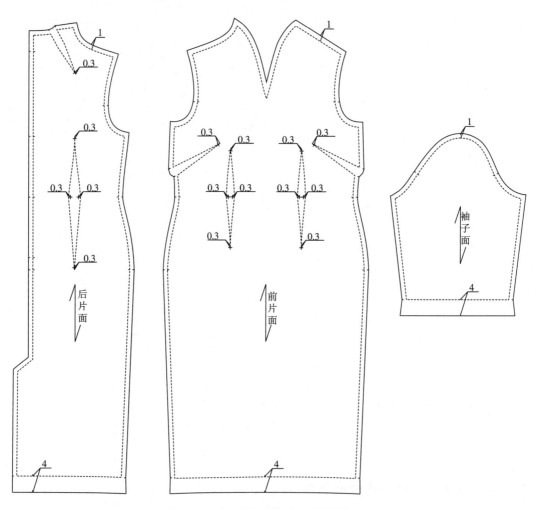

图6-30　连立领中袖旗袍面料缝份加放

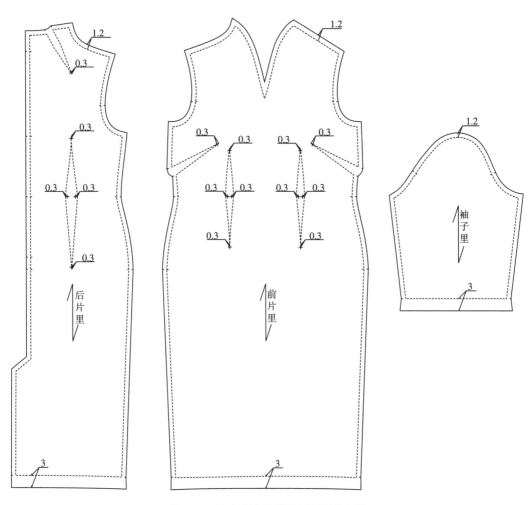

图6-31 连立领中袖旗袍里料缝份加放

2.连立领中袖旗袍样板

连立领中袖旗袍裁剪工业样板示意图，如图6-32~图6-34所示。

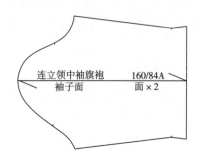

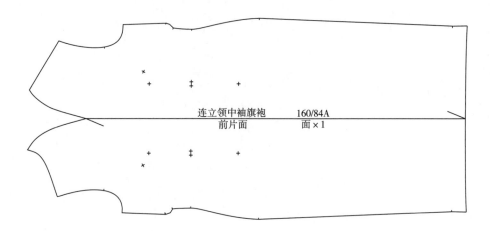

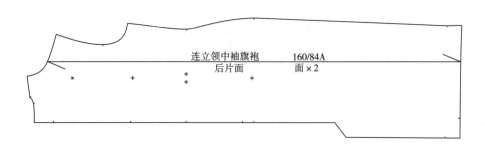

图6-32　连立领中袖旗袍面工业样板

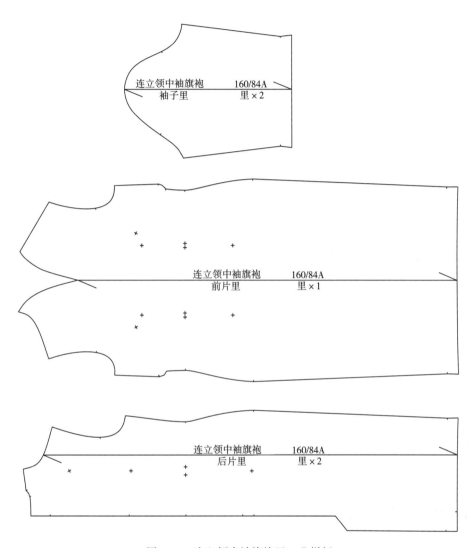

图6-33　连立领中袖旗袍里工业样板

图6-34　连立领中袖旗袍净板

三、连立领中袖旗袍制作工艺流程

连立领中袖旗袍的缝制工艺流程示意图如图6-35所示。

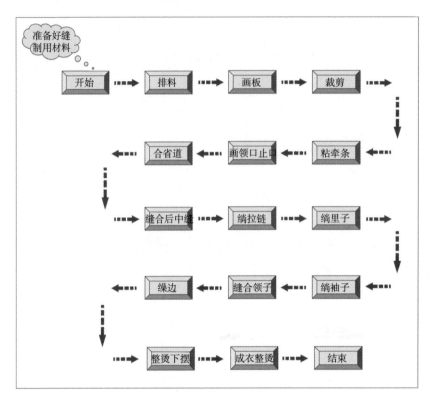

图6-35　连立领中袖旗袍工艺制作简图

四、连立领中袖旗袍缝制步骤

1.排料

样板完成以后，要在选好的面料上排板。排料是裁剪的基础，它决定着每片样板的位置以及使用面料的多少。

（1）把面料铺好。将面料对折成双层，面料表面要平整，保证布边对齐，双折边向外，布边对着操作者，如图6-36所示。布料如果有褶皱不平之处，需用熨斗烫平后再用纸样画样，否则衣片一旦变形，会给之后的缝纫工作带来很多麻烦，影响服装成品的质量。如果面料比较轻薄，或者比较光滑，可以选用大头针或夹子固定。

（2）保证纸样与布料的布丝方向一致，格纹面料的格纹要对齐，条纹面料要对条。除此之外，还要注意有特殊花型方向的面料，如果面料上有能看出方向的花型（花朵有正反向），排料时为保证方向一致，均要保持同一方向。

图6-36 铺布示意图

（3）在满足工艺要求的前提下，要尽可能节约用料。可以采用先大后小、缺口对接、多件套排、不同号型规格或不同成衣（如上衣与裤子）套排等方式排料，尽量减少面料剩余，如图6-37所示。但也不能为了节省面料，排料太紧凑，或重叠排料，甚至不考虑面料的经纬方向，这都是不允许的。

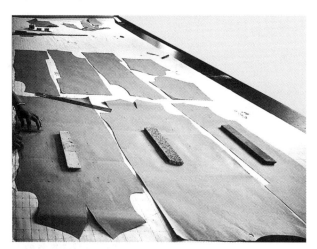

图6-37 排料示意图

排好面料之后，在旗袍肩线和袖窿处的面料上还需要粘牵条，使肩部和袖窿具有一定的硬挺度，造型看上去更美观。

2. 画板

用划粉将纸样的外轮廓画在面料上，同时需要在领口、省道等部位根据纸样上的对位点在面料上标明对应的位置，省尖点处可用锥子透过纸样轻轻地在面料上扎一下作为标记，如图6-38所示。

图6-38　画板示意图

3. 裁剪

　　按照画好的线将一片前片、两片后片、两片袖子等面料裁剪下来，并剪出对位点。同时，将旗袍的里子裁剪下来准备好，里料比面料的缝份大0.5cm，留出一定的活动量。准备就绪后可以开始缝制，如图6-39所示。

图6-39　裁剪示意图

4. 粘牵条

使用蒸汽熨斗在肩线、袖窿处烫上牵条。注意，粘牵条的时候应尽量避免面料上有疵点的地方，并要同时具备时间、温度、压力等因素，才能将牵条粘好，如图6-40所示。

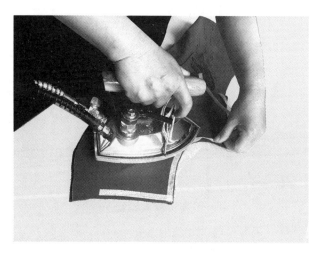

图6-40　粘牵条示意图

5. 画领口止口

在服装裁剪缝制过程中，一些关键部位需要用净板画出净线，按照净线缝制的服装，造型更准确、美观。本款服装的重点在于连立领的造型，制作时首先要在领口弧线处粘好牵条，再用领口净板画出领口，以保证旗袍领子的对称性和一致性，如图6-41所示。

图6-41　画领口止口示意图

6. 合省道

绱缝前、后片的后领省、胸省和腰省。首先按画好的线绱省缝，绱缝省尖位延长 0.8cm，不打回针，留10cm线头，手工打结。其次烫倒腰省，使前、后片的省道都倒向侧缝，省尖处要烫平顺，不能打褶，如图6-42所示。

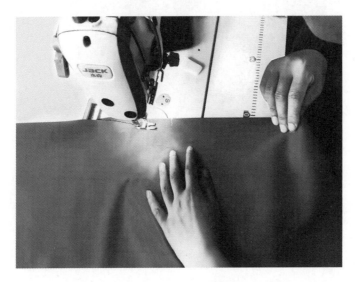

图6-42　合省道示意图

7. 缝合后中缝

为了防止缝制过程中布料出现脱线的情况，首先将旗袍的小肩线、侧缝线、底襟止口线、袖底缝用同色线锁边。其次将绱拉链的后中缝两片正面相对缝合，留出绱拉链的长度和裙衩长度，并分缝熨烫，如图6-43、图6-44所示。

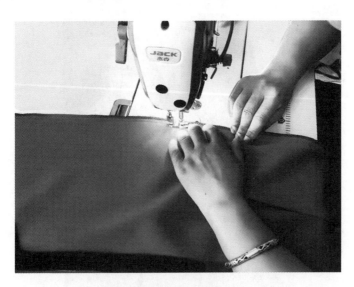

图6-43　缝合后中缝示意图

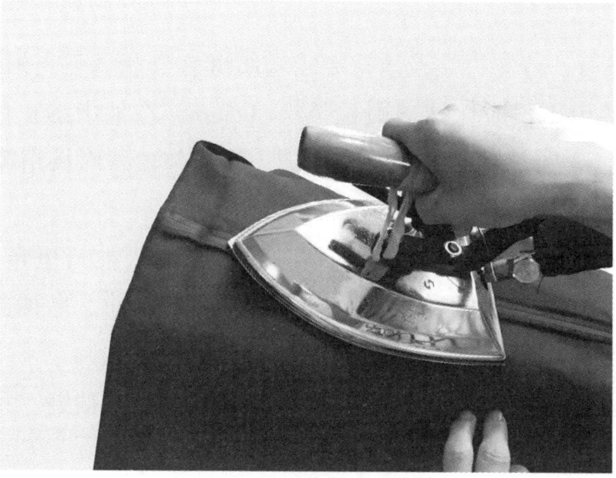

图6-44　分缝熨烫示意图

8. 绱拉链

（1）选择质量好的尼龙材质的隐形拉链，长度要比开口的长度长2～3cm。

（2）在后片上按照标记的印记确定拉链的位置。

（3）将拉链的正面与后片的正面对齐，利用拉链专用压脚（隐形压脚），按净缝线从上到下车缝拉链到开口处（预留空隙0.5cm）。将拉链拉合，在另一端用划粉每隔3～4cm做左右对称的标记，然后从上到下按标记车缝拉链另一侧，预留空隙0.5cm。

（4）从底端反面拉出拉链，小烫正面拉链口，如图6-45所示。

9. 绱里子

（1）将里子按衣片的量缝省，合肩缝、侧缝（留出绱拉链的长度和开衩的长度），并熨烫。

（2）把里子与衣片缝合，如图6-46所示。

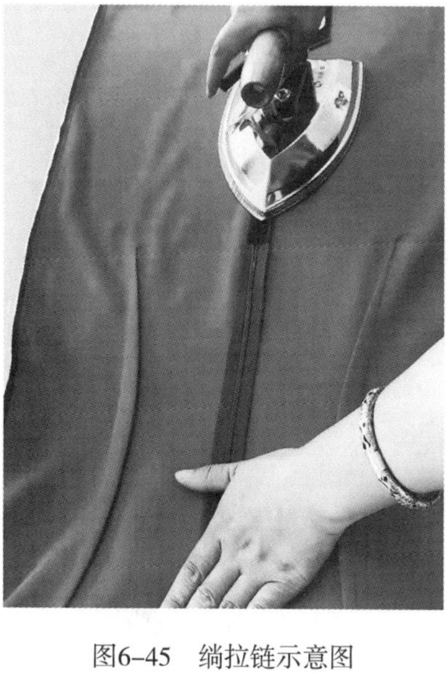

图6-45　绱拉链示意图

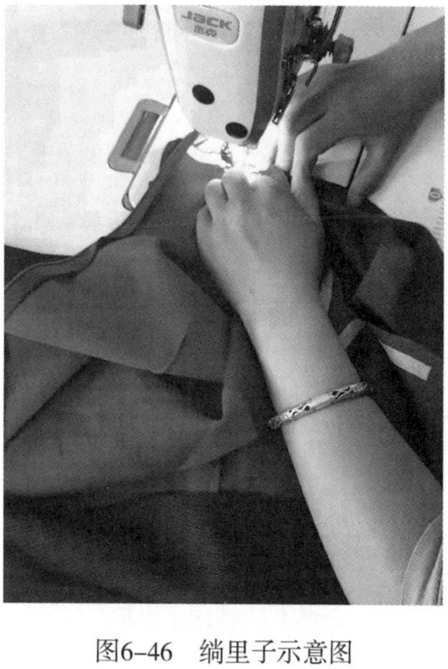

图6-46　绱里子示意图

10. 绱袖子

（1）将袖底缝缝合，缝制方法及质量要求与缉缝衣身侧缝工艺相同。

（2）收袖山，袖山周长应比袖窿周长长1~1.5cm，在袖山的止口内车两道缝线（车缝针脚调大一些），便于收缩长出的尺寸，使袖山周长与袖窿周长相等。

（3）熨烫袖子止口，按一定宽度扣烫袖口折边。

（4）将袖口面布与袖口里布缝合。先把袖口面布套入袖口里布，两袖口毛边对齐，对准面布和里布的袖缝位，然后沿袖口毛边缉缝。注意，前、后袖的里布应与前、后袖的面料相对应。

（5）固定里布、面布袖，将袖里布敷在袖面布上，对齐袖缝，里布袖口毛边与面布袖口光边对齐，然后把面布、里布两袖缝止口缝合。

（6）将袖山套入衣身的袖窿内，袖山面布顶点与衣身的肩缝对齐，袖缝与衣身的侧缝对齐，然后对齐袖山与袖窿的缝份边，沿袖窿弧线缉缝。

（7）将袖山里布折边1cm，然后用大头针把袖山里布暂时与袖窿里布固定，用手针缲缝袖山里布与衣身袖窿,如图6-47所示。

11. 缝合领子

连立领中袖旗袍采用的是连立领结构，所以只需要将面料和里料的领子缝合之后熨烫平整即可。需要注意的是，领面比领里大出0.1~0.2cm，并烫平。

12. 缲边

将底边按预留的缝份扣净，熨烫，用三角针缲缝固定。熨烫开衩与下摆，并固定面布与里布，将已折烫好的后开衩里布敷在面布后开衩位上，铺平衣片，各部位对准确定，然后用绷缝方式将面布、里布开衩位折边固定，再用手针把面布、里布的开衩位缲牢、固定，如图6-48所示。

图6-47 绱袖子示意图　　　　　图6-48 缲边示意图

13. 整烫下摆

整烫前需修剪线头，清洗污渍。熨烫时，应根据面料性能合理选择温度、湿烫或干烫、时间、压力等。熨烫时要加垫布，尽量避免直接熨烫。注意，丝绒面料不能直接压烫，只能用蒸汽喷烫，避免倒毛而产生极光，如图6-49所示。

图6-49　整烫领口、下摆示意图

14. 成衣整烫

将制作好的旗袍套在人台上，重新将各衣片、领子及袖窿处熨烫平整，如图6-50所示。

图6-50　连立领中袖旗袍成品整烫示意图

参考文献

[1] 赵丰.中国丝绸艺术史［M］.北京：文物出版社，2005.

[2] 卞向阳.中国近代纺织品纹样的演进［J］.东华大学学报（自然科学版），1997，23（6）：96–101.

[3] 侯东昱. 女装成衣结构设计：上装篇［M］. 上海：东华大学出版社，2013.

[4] 侯东昱，马芳. 服装结构设计：女装篇［M］. 北京：北京理工大学出版社，2010.

[5] 侯东昱. 女装成衣结构设计：部位篇［M］. 上海：东华大学出版社，2012.

[6] 侯东昱. 女装结构设计［M］. 上海：东华大学出版社，2013.

[7] 侯东昱，仇满亮，任红霞. 女装成衣工艺［M］. 上海：东华大学出版社，2013.